深井排水系统潜水电机的温升控制与实验研究

张世斌 著

U0257399

中国农业出版社

北 京

我国90%左右的煤矿资源采用井工模式开采，特殊的地质地理环境，决定了我国煤矿水文地质条件十分复杂，煤炭开采受水灾害威胁严重，突水淹井伤人事故频发，水灾害成为我国仅次于瓦斯事故的第二大灾害。随着我国浅部资源的逐步枯竭，煤炭资源的开采势必转入深部开采模式，由于矿井深部水压增加，超前探水、堵水难度增大，水灾害发生概率也随之增加，一旦深部矿井突发水灾害事故，将造成极为严重的经济损失和恶劣的社会影响。深部矿井救灾排水系统是矿山水灾害救治和灾后复矿的有效手段，安全高效的矿井救灾排水设备是矿产资源安全开采的重要保障。

深井救灾排水系统潜水电机属于三相异步电动机，常与高扬程多级潜水泵组合成潜水电泵，用于各类深部矿井水灾害的应急救援或灾后复矿工程，是构成深井救灾排水系统的关键装备。潜水电机按其结构的不同可分为充水式、充油式、干式和屏蔽式4类，其中充水式潜水电机具有功率高、冷却效果好、承压能力强、可深潜运行等优点，最适合应用于深部矿井水灾害的救治工程，此类电机自20世纪80年代从德国RITZ公司引进国内，经过国内多年的应用与改进，目前最大功率已超过3 200kW，可用于单泵扬程800m的矿井救灾排水工程，在我国煤矿水灾害的救治工程中发挥了不可替代的作用，最大限度降低了矿井水灾害造成的损失。

在深井救灾排水工程中，排水装备的高效、可靠运行是保证救灾排水工程成功的关键。深井救灾排水系统采用地面竖直安装，管路连接直潜井底，靠地面支撑结构重载悬挂运行，工程中一旦出现排水装备故障，不仅意味着救灾排水工程的失败，严重时还会引起停泵水锤等次生事故，导致整个救灾排水系统的瘫痪，造成更为严重的人员和财产损失。据统计，在排水工程各类设备故障中，由大型潜水电机故障所造成的系统停机事故占 80% 以上，这些故障中又以潜水电机的局部过热而导致的绝缘失效故障为主，潜水电机的冷却效果不仅与其冷却结构相关，还与冷却介质的流动特性有密切关系。因此，有必要对深井充水式潜水电机的冷却结构及其内部冷却介质的流动特性进行研究，合理优化其冷却结构，保证其安全、可靠、高效运行，减少救灾排水系统的运行故障。

深井充水式潜水电机内部结构复杂，其内部流场和温度场的研究涉及电磁学、流体力学和传热学等多个学科。本书采用理论分析、数值计算和试验研究相结合的方法，对深井充水式潜水电机的冷却结构、内部流体流动和温升特性进行深入研究，并应用相似理论导出充水式潜水电机内流体流动相似准则和对流换热准则，将研究及试验结论推广应用于指导同类或相似电机冷却结构的设计和模型试验，为试验的安排和数据整理提供了有效方法，为其他类型电机的设计提供了有益借鉴，本书具体研究内容如下：

（1）通过分析国内外学者对矿井"深部"的定义，界定了煤矿救灾排水工程中相对客观的矿井"深部"概念。作者认为在救灾排水工程中矿井"深部"概念不仅与矿井深度和岩石力学特性相关，还与矿井救灾排水装备的性能直接相关，目前国内救灾用潜水电泵的单泵扬程普遍不超过 800m，超过 800m 矿井的救灾排水工程难度剧增，不仅需要大功率、高扬程的排水装备，还需要考虑装备的安装及运行中的安全因素，需由专业的矿山排水技术团队完成，故本书将救灾排水工程中超过 800m 的矿井界定为"深部"矿井。深井救灾排水系统是抵御矿井水灾害事故的最后防线，先进的救灾排水系统及技术意味着矿井抵御水灾害能力的增强，文中介绍了矿井救灾排水系统的总体结构，总结了国内最为先进的救灾排水技术。通过分析文献得出了电机冷却的重要性，引出对充水式潜水电机内流体流动特性和温升特性研究的必要性。

（2）深井充水式潜水电机的结构及流体数值计算理论研究。介绍了深井救灾排水系统充水式潜水电机的结构设计特点，尤其重点介绍了设计的充水式潜水电机内外水双循环冷却系统。本书研究的深井充水式潜水电机内部流体在电机轴尾部驱动泵轮的作用下沿设计的流道循环流动，冷却水在电机气隙流道中的流动状态和流动特性不仅影响着电机转子水摩擦损耗，还与电机内的换热效果密切相关。因此，在分析充水式潜水电机内部流体流动特点的基础上，利用流体质量守恒、动量守恒和能量守恒定律建立了充水式潜水电机内部流体流动的连续微分方程、动量微分方程和能量微分方程等流体运动控制方程，并介绍了研究流体紊流的计算模型和流体流动特性的数值计算方法，为深入研究充水式潜水电机内流体流动特性和温升特性奠定了基础。

（3）深井充水式潜水电机内流体流动特性研究。流体的流动特性表征为流体的运动状态、流动速度和压力分布。本书以功率为 3 200kW 充水式潜水电机为研究对象，按其实际结构和尺寸，利用 SolidWorks 三维建模软件建立了潜水电机的三维实体模型，并利用 GAMBIT 专业流体网格划分软件建立了电机定转子气隙流体的三维结构网格模型，借助 AN-SYS Fluent 流体分析软件分别研究了定转子气隙高度、气隙进口流体速度、转子转速、转子表面粗糙度和电机环境围压等 5 个不同参数对充水式潜水电机气隙内流体流动特性的影响，并对模拟结果进行数据提取、分析和处理，得出不同参数对气隙流体流速和压力分布的影响。研究结果表明：①冷却水在气隙中的流动状态均为紊流，流体进入电机气隙后在转子高速旋转的作用下旋转速度迅速提升，随后达到相对稳定状态，流体速度最大处位于转子外边壁，速度最小处位于电机定子内边壁。冷却水进入电机气隙后压力呈线性下降趋势，压力最大处位于气隙进口处，最小处位于气隙出口处，与电机环境围压相等。②气隙内流体的最大平均速度随转子转速的增大呈线性增长趋势；随气隙进口流体流速和转子表面粗糙度的增大而增长，增长幅度呈不同程度减小趋势；随气隙高度的增加而小幅减小，减小幅度呈逐步减小趋势；电机围压对气隙流体运动速度影响很小，可忽略不计。③气隙流体的进出口压力降随转子转速的升高呈线性增长趋势；随气隙进口流体流速和转子表面粗糙度的增大而增长，增长幅度呈不同程度减小趋势；随气隙高度的增加而减小，减小幅度呈逐步减小趋势；电机围压对气隙流体运动速度影响很小，可忽略不计。研究所得结论为下一步电机转子水摩擦损耗的计算、表面换热系数的计算、电机内合理流速的确定和驱动泵轮的设计提供了依据。

（4）基于流体流动特性的充水式潜水电机定子温升研究。首先分析计算了 3 200kW 充水式潜水电机内部各项损耗值，以电机内流体流动特性分析结论为基础，重点研究了不同因素对转子水摩擦损耗的影响，研究结果表明，转子水摩擦损耗随电机气隙高度的增加而小幅减小，随气隙进口流体轴向流速、转子转速、表面粗糙度的增加而有不同程度的增长，几乎不受电机运行环境围压的影响，电机铁耗和机械损耗的计算结果与第 5 章中空载试验所得结果一致性良好。其次研究了潜水电机内部热量传递路径，在合理假设的基础上，作出了充水式潜水电机的等效热路图；考虑多热源对电机定子温升的影响，运用 ANSYS Workbench 有限元分析软件研究了 3 200kW 充水式潜水电机在不同气隙进口流体轴向流速时定子的温度分布情况，研究结果表明，电机定子温度最低处位于气隙流体进口处的定子齿部，温度最高处位于电机气隙流体出口附近的定子轭部，电机定子温度值随着气隙进口流体轴向流速的增加而下降，但下降幅度逐步减小。通过对仿真结果进行分析，提出了 3 200kW 充水式潜水电机气隙进口流体的合理流速应为 2～2.5m/s，速度太小不利于保障电机冷却效果，太大会造成转子水摩擦损耗的增加，结合第 3 章中气隙进口流体流速对气隙流体压力分布影响的分析结果可知，当气隙进出口压力降大于 0.082 8MPa 时方能保证气隙流体轴向流速不小于 2m/s，当气隙流体流速为 2～2.5m/s 时，3 200kW 潜水电机气隙流量约为 28.5～35.6m³/h，据此，对电机内水循环冷却系统的驱动泵轮做出合理设计，设计泵轮扬程为 10m（提供 0.1MPa 压力），流量为 40m³/h，后盖板带有泄流孔的离心式泵轮作为电机内水循环冷却系统的驱动泵轮，泄流孔用于泄除多余泵轮富余流量，并将有限元温度场仿真结果与温升试验结果相对比，根据热力学知识，解释了误差产生的原因，验证了有限元分析方法和本书所设计流量和泵轮的正确性。

（5）深井潜水电机的试验研究。潜水电机空载试验、温升试验和绝缘性能的检测试验是研究深井潜水电机不可或缺的重要环节，合理的电机试验能最大限度地保证其在工程应用中的安全可靠性。本书针对3 200kW深井潜水电机进行了空载运行试验，测得了潜水电机的铁耗和机械损耗，与第4章中电机铁耗和机械损耗且有良好的一致性。搭建了深井潜水电机地面综合试验平台，试验平台的设计关键是在潜水电泵出水口加装了10MPa的手动控制闸阀，并在潜水电泵出水口开有测压孔，用于测量潜水电泵出水口压力，通过调节手动闸阀的开度来控制潜水电泵的出水口压力，以此来实现潜水电泵运行工况的调节，此试验平台可实现电机运行温度、电压、电流、功率因数及潜水泵扬程、流量等多项重要参数的获取，通过此试验平台测得了3 200kW潜水电机额定工况下定子和止推轴承等关键部位温度值，为第4章中判断有限元分析结论的正确性提供了依据。对充水式潜水电机线缆绝缘进行工频耐压试验、线缆接头耐水压试验、各相对地绝缘电阻测量和相间绝缘电阻测量，评判了潜水电机的绝缘性能。最后结合深井救灾排水工程，介绍了本书研究的深井充水式潜水电机的工程应用情况。

（6）深井充水式潜水电机相似理论的研究。建立了深井充水式潜水电机二维运动微分方程和能量微分方程，利用方程分析法分别推导了深井充水式潜水电机内流体流动相似准则和对流换热相似准则，将文中研究所得结论及规律推广应用于指导同类或相似电机冷却结构的研发设计和模型试验，为其他类型电机的设计提供有益借鉴。

本书的选题结合了深部矿井救灾排水系统潜水电机的现实需求，将大功率深井充水式潜水电机的温升控制作为研究对象，以电磁学、流体力学、传热学和相似理论为研究基础，采用理论分析、数值仿真和样机试验等手段，对大功率深井充水式潜水电机内部流体流动特性和温升特性展开研究，得出电机结构参数及运行参数对电机内部流体流动特性、温升特性和电机机械损耗的影响，为电机冷却结构的优化设计提供依据，并对充水式潜水电机流体流动相似和热相似进行研究，旨在本书将所得结论推广应用于指导其他同类或相似产品的开发和试验。

本书的顺利出版得到华北水利水电大学高层次人才科研启动项目、

国家创新方法工作专项"中国情境下的创新方法研究与工具开发"（项目编号：2018IM020300）和国家重点研发计划项目"矿井突水水源快速判识与堵水关键技术研究"（项目编号：2017YFC0804100）的支持，书中的部分内容涉及国家重点研发计划项目子课题七"高效高可靠性大流量抢险排水技术及装备"（课题编号：2017YFC0804107）的研究成果。本书的撰写过程中，得到同领域专家和学者的大量指导和帮助，特别要感谢上海海事大学冯立杰教授、河南省应急救援排水中心（河南矿山抢险救灾中心）杨武洲教授和孙国亮高工、中国矿业大学（北京）郑晓雯教授和孟国营教授的指导，同时，向所参考文献的作者表示诚挚的感谢。

受作者水平所限，书中难免存在疏漏之处，恳请广大读者和同领域专家学者批评指正。

张世斌

2021 年 4 月

CONTENTS 目 录

1 绪 论

我国煤炭资源的开采多采用井工开采方式[1]，占我国煤炭开采方式的90%左右[2-3]。随着我国煤炭资源多年的大规模开采，多数地区的煤炭资源已经进入深部开采阶段，随着煤炭资源开采深度的不断增加，地下水压也随之增大，特别针对水文地质复杂的矿井，突发水灾害概率将大幅增高[4-6]。深部矿井一旦突发水灾害，其破坏力强、救灾复矿难度大，将造成严重的人员伤亡和经济损失，而深井救灾排水是救治矿井水灾害的有效手段，及时有效地进行应急救灾排水能最大限度地挽救矿工生命，降低经济损失。深井大功率潜水电机深井救灾排水系统中的关键装备，其运行的可靠性决定了深井救灾排水工程的成功率，工程应用中潜水电机故障占深井排水系统所有故障的80%以上。在潜水电机故障中，最常见到的故障为潜水电机内部过热或局部温升过高而导致电机绕组或引线绝缘失效，最终导致系统停机的事故发生，这不仅制约了抢险排水的实效性，而且潜水电机的非正常急停会使排水系统产生停泵水锤[7-8]，将威胁排水系统支撑结构的安全性，严重时甚至会引发二次灾害[9-12]，因此，为保证深井大功率潜水电机的可靠运行，有必要对深井潜水电机内部流体流动特性和温升进行研究，为电机冷却结构的设计提供指导。本章在国内外关于矿井"深部"定义的基础上，从矿井救灾排水角度界定了矿井"深部"的概念，介绍了常规救灾排水系统的总体结构，总结了目前国内较为先进的深井救灾排水技术，分析了国内外关于电机流场和温度场的研究现状和存在的问题，明确了本书的研究内容及技术路线。

1.1 研究背景及意义

我国能源结构呈现多煤、贫油、少气的特点，煤炭在我国一次能源消费中占 70% 左右[13]，我国煤炭产量和消费量均居世界之首，国家《能源中长期发展规划纲要（2004—2020 年)》中提出"坚持以煤炭为主体、电力为中心、油气和新能源全面发展的能源战略"目标，可见未来相当长时期内，煤炭作为我国主体能源的地位不会改变[14-15]。我国煤炭资源赋存条件和水文地质条件复杂，随着煤炭资源多年的大规模开采，浅层煤矿资源已经基本枯竭，我国大部分地区的煤炭资源已经进入深部开采阶段。目前我国煤炭资源的平均开采深度在 700m 左右，中东部主要矿区的大型矿井开采度普遍在 800～1 000m[16]，并以每年 10～25m 的速度向深部延伸[17]。目前我国已探明埋深 2 000m 以内煤炭资源储量约为 55 700 亿 t，而埋深为 1 000～2 000m 的煤炭储量约为 28 600 亿 t，占已探明储量的 51.3%[18-22]，据统计，目前我国开采深度超过 1 000m 的煤矿有 47 座，其中山东省 21 座，分别为：淄博东泰一矿（1 100m)、新矿集团华恒煤矿（1 120m)、华丰煤矿（1 200m)、协庄煤矿（1 120m)、孙村煤矿（1 501m)、潘西煤矿（1 000m)，临矿集团王楼煤矿（1 000m)、古城煤矿（1 150m)，肥矿集团梁宝寺一矿（1 200m)、梁宝寺二矿（1 000m)，莱芜华泰煤矿（1 000m)，兖矿集团华楼煤矿（1 005m)、万福煤矿（1 000m)，淄矿集团唐口煤矿、新河煤矿、葛亭煤矿、埠村煤矿 4 座矿井均在 1 000m 开采水平，济宁星村煤矿（1 295m)、安居煤矿（1 000m)，中泰煤业集团朝阳煤矿（1 000m)，枣庄张集煤矿（1 000m)；河南省 4 座，分别为：平顶山煤业集团 4 号矿（1 100m)、5 号矿（1 008m)、10 号矿（1 250m)、12 号矿（1 067m)；河北省 4 座，分别为：冀中能源邢东煤矿（1 000m)、开滦集团唐山煤矿（1 050m)、赵各庄煤矿（1 250m)、林西煤矿（1 015m)；安徽省 6 座，分别为：淮南矿业集团谢一煤矿（1 015m)、顾桥煤矿（1 001m)、朱集煤矿（1 000m)，中安联合公司朱集西矿（1 075m)，国投新集集团口孜东矿（1 023m)，淮北矿业集团海孜东矿（1 029m)；江苏省 7 座，分别为：徐矿集团张双煤矿（1 087m)、三河尖煤矿（1 037m)、夹河煤矿（1 243m)、旗山煤矿（1 103m)、张集煤矿

（1 303m）、张小楼煤矿（1 222m），大屯煤电集团孔桩煤矿（1 052m）；黑龙江省2座，分别为：龙煤集团荣华矿（1 090m）、东海煤矿（1 100m）；吉林省2座，分别为：吉煤集团道清北斜井（1 040m）、通化矿业八宝煤矿（1 220m）；辽宁省1座，即沈阳煤业红阳三矿。我国深部矿井区域分布见图1-1。可以预见，未来超千米矿井将不断涌现，并成为我国煤炭资源开采的常态[23-25]。

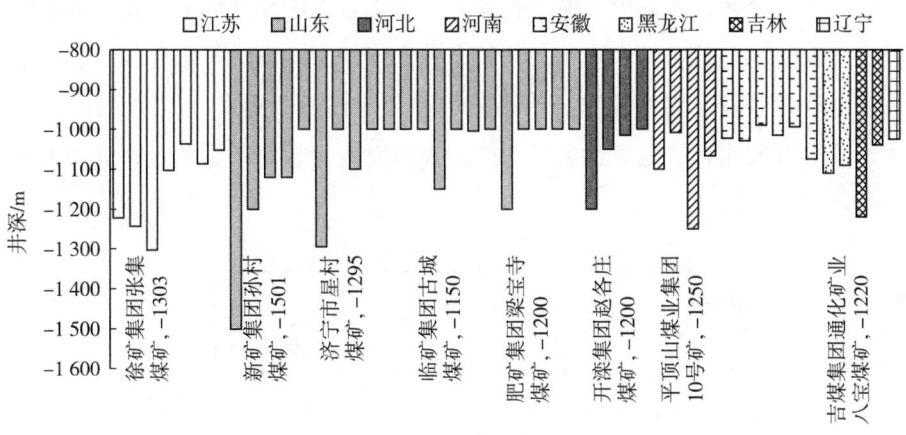

图1-1 我国深部矿井区域分布

我国煤矿水文地质条件极其复杂，矿井水灾害事故频发，严重威胁着煤炭资源的安全开采和矿工的人身安全。伴随着煤炭资源开采深度的不断增加，地下水压也随之增大，特别针对水文地质复杂的矿井，突发水灾害概率也随之大幅增高，如河南义煤集团义安矿和孟津矿，底板承压均已达到7.5MPa；徐州矿务局三河尖煤矿底板水压达到8.3MPa，其21102开采工作面于2002年10月26日发生高压透水事故[26]，损失严重。深部矿井一旦突发水灾害，其破坏力强、易造成群死群伤、救灾复矿难度大，将造成严重的人员伤亡和经济损失，造成极为不良的社会影响，严重制约煤矿资源的安全开采，统计显示，2003—2016年，我国共发生各类煤矿透水事故488起，共造成3 318人死亡[27-29]（图1-2）。这些事故中，造成死亡30人以上的事故10起，造成死亡20～30人的事故68起，造成死亡10～20人的事故295起。例如[30-31]，2012年全国共发生煤矿透水事故14起，死亡109人；2013年共发生煤矿水灾害事故15起，造成104人死亡[32]；2014年共发生煤矿水灾害事故7起，造成63人死亡，2015年共发生煤矿水灾害事故5起，造成65人死亡；2016年共发生煤矿水灾害事故6起，造成57人死亡。由以上统计分析可知，由于近年煤矿安全监督与管理方面的加强，煤矿水灾害事故不断减少，单起煤矿水灾害事故造成的人员和经济损失并未减小，因此，煤矿防治水形势依然严峻，如何在水灾害发生时及时启动应急预案、营救被困矿工生命、减小经济损失，矿井救灾排水是目前最有效的手段[33-37]，安全高效的深井救灾排水装备意味着矿井抵御水灾害能力增强，安全可靠的救灾排水装备是救灾排水工程成功的有效保障。深井救灾排水是救治矿井水灾害的有效手段，深井救灾排水系统可在短时间内大幅增加矿井的排水能力，及时有效地开展应急救灾排水能最大限度地挽救矿工生命，降低水灾害事故造成的经济损失。

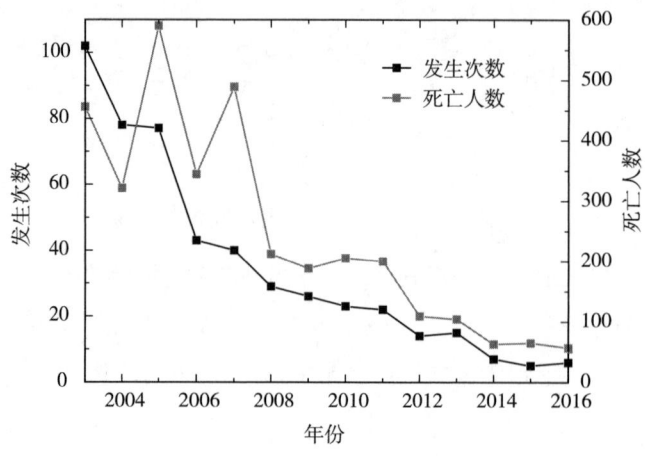

图1-2　我国14年间煤矿水灾害统计

深井大功率潜水电机是深井救灾排水系统中的关键装备，其运行的可靠性决定了深井救灾排水工程的成功率，工程应用中潜水电机故障占深井排水系统所有故障的80%以上。在潜水电机故障中，最常见到的故障为潜水电机内部过热或局部温升过高而导致电机绕组或引线绝缘失效，最终导致系统停机的事故发生，这不仅制约了抢险排水的实效性，而且潜水电机的非正常急停会使排水系统产生停泵水锤，将威胁排水系统支撑结构的安全性，严重时甚至会引发二次灾害，因此，为保证深井大功率潜水电机的可靠运行，有必要对深井潜水电机内部流体流动特性和温升进行研究，为电机冷却结构的优化设计提供依据。

1.2 问题的提出

随着我国煤矿开采不断向深部延伸，在高地压、高水压和高采动应力的综合作用下，极易引发深部矿井突水事故，深部矿井一旦发生突水事故，救灾复矿难度大，将造成严重的经济损失和极为不良的社会影响。深井救灾排水系统及技术是矿井水灾害救治的有效手段，能在水灾害事故发生后快速响应，最大限度地降低水灾害事故造成的损失。

大功率充水式潜水电机是深井救灾排水系统中的关键装备，其运行的可靠性决定了深井救灾排水工程的成功率。在排水工程各类设备故障中，由潜水电机故障所造成的系统停机事故占80％以上，这些故障中又以潜水电机的局部过热而导致的绝缘失效故障为主。这些故障不仅制约了抢险排水的实效性，而且潜水电机的非正常急停会使排水系统产生停泵水锤，将威胁排水系统支撑结构的安全性，因此，合理优化充水式潜水电机冷却结构，有效控制潜水电机内部温升，避免因电机内局部温升过高而引起的电机绝缘失效，对保证救灾排水系统的可靠运行意义重大。

电机运行时冷却介质的流动状态和流动特性与电机的冷却效果直接相关，研究电机的温升特性必然要先对其冷却介质的流动特性进行研究。目前，国内外对深井充水式潜水电机方面的研究较少，且多集中在工程应用领域，充水式潜水电机运行时各参数对内部流体流动特性及温度分布情况的影响方面有待深入研究。

本书以国家重点研发计划项目"矿井突水水源快速判识与堵水关键技术研究"的子课题七"高效高可靠性大流量抢险排水技术及装备"为依托，采用理论分析、数值仿真和样机试验等手段，对深井救灾排水系统潜水电机内部流体流动特性和温升特性展开研究，旨在揭示深井充水式潜水电机结构参数和运行参数对电机内流体流动特性和温升特性的影响，为潜水电机结构的优化设计提供依据，以便合理确定充水式潜水电机内水循环流速，设计适用内水循环驱动泵轮，在保证电机冷却效果的前提下提高深井潜水电机的运行效率。

1.3 国内外文献综述

1.3.1 矿井"深部"概念的界定

随着我国浅层矿产资源的枯竭，煤炭资源的开采深度呈逐年增加态势，目前我国最深煤矿开采深度已达 1 500m，平均开采深度在 700m 左右，且以每 10 年 100～250m 的速度向深部延伸，煤炭资源的"深部"开采势必成为常态。

国内外关于矿井"深部"概念多出现在岩土工程和采矿领域[38-40]，有绝对深度和相对深度两种概念。绝对深度概念是规定一条深度界线，开采深度超过界线的矿井即被认为是深部矿井，各国学者均根据本国煤矿资源开采的情况规定了不同的矿井深部界线，俄罗斯和日本将开采深度超过 600m 的煤矿矿井定为"深部"矿井，德国将开采深度在 800～1 200m 的煤矿矿井称作"深部"矿井，英国与波兰把开采深度超过 750m 的煤矿矿井称作"深部"矿井。谢和平[41-44]依据国内煤矿开采技术装备和安全开采的要求，将深度在 700～1 000m 的煤矿矿井称作深部矿井；《中国煤矿开拓系统》中将开采深度在 800～1 200m 范围内的定义为深部矿井，开采深度大于 1 200m 的则定为特深矿井；第 175 次香山科学会议组分别讨论了煤矿矿井和有色金属矿井的深部的概念[45]，将开采深度在 800～1 500m 的煤矿矿井和 1 000～2 000m 的金属矿井称作深部矿井。相对深度概念是依据矿井灾害特征界定，钱七虎[46]认为矿井深部与矿井所在地质环境、岩石特性和地应力相关，不应将矿井深部概念量化为某一具体值；何满潮[47]认为，当矿井达到一定深度工程岩体出现非线性力学现象时即可认为矿井进入深部开采。

国内一些学者试图从矿井排水角度界定矿井"深部"的概念，虎维岳[48]从矿井水灾害和矿井排水工程角度提出了矿井深部的绝对概念，将我国华北、华东开采深度超过 600～800m 的煤矿称作"深部"矿井；刘玉德、尹尚先[49]从矿井突水角度出发，认为矿井深部概念不应是一确定值，而与矿井突水系数相关；冯立杰[50-51]、张世斌[52]、高传昌[53]、刘振锋[54]等人从矿井救灾排水工程角度出发，认为矿井深部不仅与地质和灾害特性相关，还与目前国内深井救灾排水设备的性能及发展水平相关，目前，救灾排水装备的最大扬程在 800m 左右，超过此深度的矿井救灾排水难度剧增，需要由专业排水技术团队完成。

综上所述，本书作者认为在矿井救灾排水领域，矿井"深部"概念不仅与地域地质和灾害类型有关，还与救灾排水装备技术水平密切相关。故本书的研究中将救灾排水工程中超过 800m 的矿井界定为"深部"矿井。

1.3.2 矿井救灾排水系统现状

受地表水和地下含水层的影响，煤矿资源开采过程中始终面临水灾害的威胁，矿井排水伴随煤炭资源开采的始终[55]。当矿井涌水量大于自身排水能力时，会导致矿井水灾害事故的发生，这时需要用到救灾排水系统，本节主要介绍矿井排水系统的分类和矿井救灾排水系统的结构。

(1) 矿井排水系统的分类

矿井排水系统的分类方法有多种，可按排水设备的运行方式、可移动性、分布状况和矿井排水设备承担任务进行分类[56-60]，如图 1-3 所示。

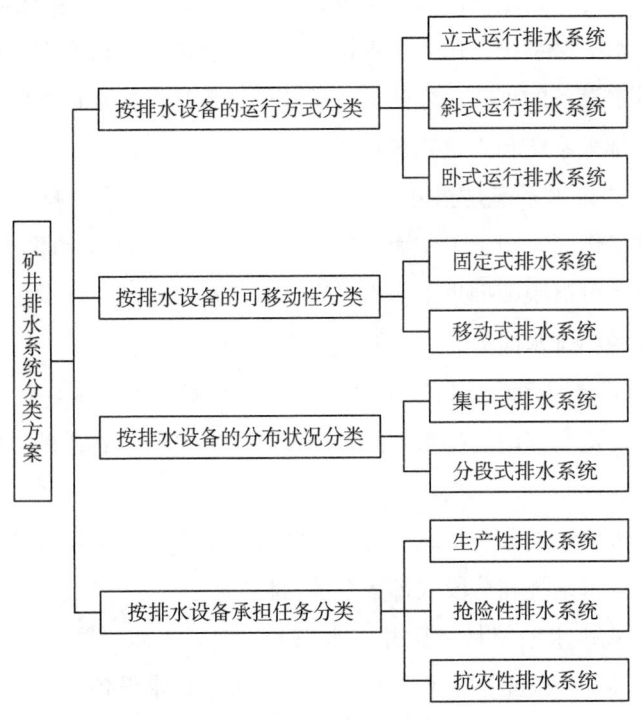

图 1-3 矿井排水系统分类

①按排水设备的运行方式分类。矿井排水装备的运行方式需与矿井的开采方式相适应，矿井排水系统按排水装备的运行方式可分为立式、斜式和卧式3种，其中立式排水系统和斜式排水系统多用于矿井的抗灾或救灾排水工程，卧式排水系统多用于矿井的生产排水和抗灾排水工程。

a. 立式排水系统是指排水设备竖直安装运行，依靠井口的支撑结构和排水管路承重，垂直安装于竖井中，其主要特点是对支撑结构和排水管路的强度要求较高，对矿井安装空间要求较低，竖井救灾排水工程中多采用立式排水系统。

b. 斜式排水系统是排水设备应用于具有一定斜度的矿井巷道中，依靠井口牵引设备、排水管路和轨道小托车将排水装备沿斜巷轨道下放至合适位置进行排水，此系统对巷道平整度有一定要求，且需要巷道中具有完好的轨道，以方便排水设备的下放，斜式排水系统多应用于斜井救灾排水工程。

c. 卧式排水系统是指排水设备卧式安装运行，常见于矿井中央泵房，用作矿井生产排水；或将潜水电泵卧式安装于巷道内，当生产排水能力不足时，启动潜水电泵系统，用作抗灾排水，以增强矿井抵御水灾害的能力。

②按排水设备的可移动性分类。矿井排水系统按排水设备的可移动性可分为移动式排水系统和固定式排水系统。

a. 移动式排水系统是指井下具有一定移动能力的小型排水系统，多用于煤矿掘进工作面，用于工作面局部排水，主要由潜污泵和排水管路构成，其主要特点是可以跟随掘进工作面的变化而移动，且可以根据工作面的涌水量来增大或减小排水能力。

b. 固定式排水系统是指排水设备常年固定安装于井下，常在矿井建设时安装，不可随便移动的排水系统，如井下中央泵房，它是矿山生产排水最主要的形式。

③按排水设备的分布状况分类。矿井排水系统按排水设备的分布状况可分为集中式排水系统和分段式排水系统两种。

a. 集中式排水系统是指矿井多水平开采时，上水平涌水量较小，先将上水平矿井涌水自流至下水平水仓，再由下水平排水设备集中排至地面的排水系统。此系统的优点是可以减少矿井的基建费用，缺点是损失了上水平矿井的势能，造成一定的电能浪费，使用时应综合比较。

b. 分段式排水系统是指矿井多水平开采时，当各水平涌水量都较大时，在各水平分别设置水仓和排水设备，将矿井水直接排至地面的排水系统；或指单水平开采时，由于井筒较深，水泵扬程不能满足排水需求，在井筒中适当位置设水仓和排水设备，矿井水先由低水平排至中间水仓，再由中间水仓排出矿井。

④按排水设备承担任务分类。根据排水设备在矿井各时期所承担的排水任务的不同，可将矿井排水系统分为生产排水系统、救灾排水系统和抗灾排水系统。

a. 生产排水系统是根据矿井正常涌水量而设计的常备矿井排水系统，由水仓、排水设备（水泵和电机）、排水管路及附件、井下引水通道和地面引水渠组成，主要用于煤矿开采过程中的常规性排水，保证矿井的正常生产。

b. 救灾排水系统是指在矿井涌水量增大，生产排水系统无法满足矿井排水需求时，临时安装以救灾为目的的大流量排水系统，大功率潜水电机和高扬程多级潜水泵是救灾排水系统的核心装备，潜水电泵不同方式的应用构成了接力排水、卧式排水、两栖排水等矿井抢险排水技术。

c. 抗灾排水系统具有以下特点。在矿井涌水量稳定时能像正常排水系统一样使用或在井底常年备用；若矿井涌水量增大或突发水灾害时，可与生产排水系统一起投入使用，增加矿井排水能力；当矿井被淹没时，作为救灾排水系统使用，与地面独立安装的矿井救灾排水系统一起用于抢险救灾及灾后复矿。

（2）矿井救灾排水系统的结构

矿井的生产排水系统属于煤矿六大系统之一，主要任务是及时排出煤炭资源开采过程中矿井产生的涌水，保证煤矿资源的正常开采，其主要由泵房、水仓、多级电泵、控制系统、排水管路、动力线缆及必要附件构成[61-64]；当矿井的涌水量增大或突发水灾害事故时，矿井生产排水系统排水能力不能满足需求时，需要由矿井救灾排水系统来增加实施救援，矿井救灾排水系统根据矿井的开采情况，常采用立式、斜式和卧式3种安装形式[65-66]，图1-4所示为立式救灾排水系统结构示意，图1-5所示为斜式救灾排水系统结构示意。

①立式救灾排水系统。立式救灾排水系统是矿井救灾排水工程中最常用到的救灾排水系统，排水装备在地面安装，具有占地小、安装方便的优点，靠地面吊装设备逐节安装下放至井底，整个系统靠井口支撑大梁和小梁承重。立式救灾排水系统结构如图1-4所示。

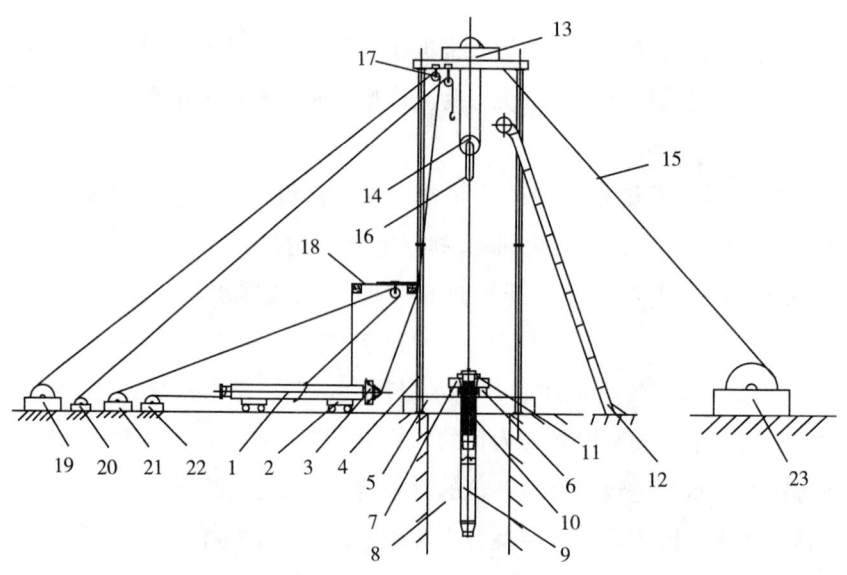

图1-4 立式救灾排水系统结构示意

1.潜水电泵（包含潜水泵和潜水电机） 2.小托车 3.排水管路抱卡 4.支撑架 5.大梁
6.小梁 7.安装抱卡 8.井筒 9.潜水电机 10.多级潜水泵 11.固定装置
12.起重机 13.定滑轮组 14、17.动滑轮 15.钢丝绳 16.吊环 18.牵引结构
19～22.辅助提升机 23.主提升机

②斜式救灾排水系统。潜水电机和潜水泵通过支撑螺栓固定在吸水罩内，并保证潜水电机和潜水泵处于吸水罩的中心位置。吸水罩下端通过法兰与充油式混流接力泵相连，吸水罩上端通过法兰水泵连接头与下端连接，水泵连接头下端与进口潜水泵的出水口对接，上端通过逆止阀和异径管与排水管路连接。安装好的系统通过小托车放置于斜巷轨道上，地面管路吊装机构与大梁、小梁等支撑结构配合使用，使排水管路逐节安装下放，直到将潜水电泵系统下放至理想位置。斜式救灾排水系统结构如图1-5所示。

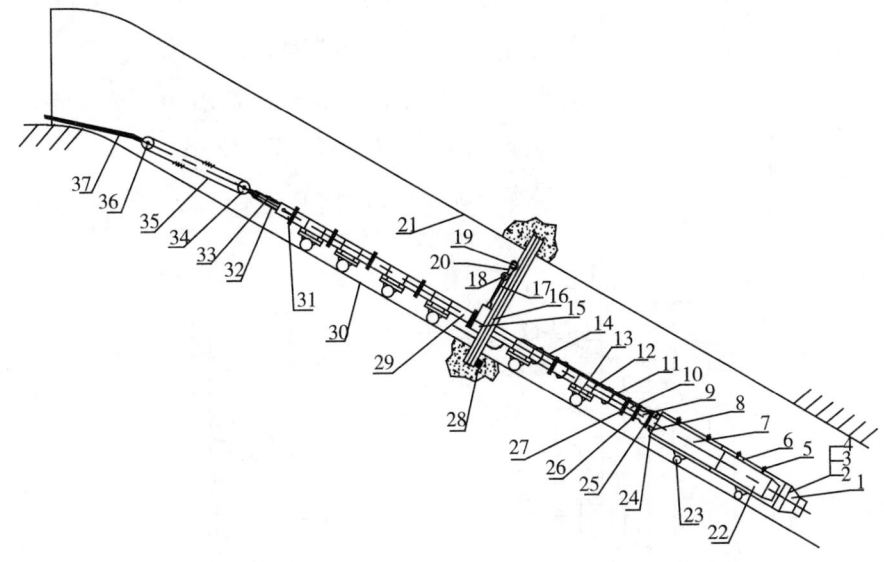

图 1-5 斜式救灾排水系统结构示意

1. 充油式混流接力泵 2. 连接法兰 3、4. 联接螺栓 5. 泵机支撑螺栓 6. 吸水罩
7. 多级离心泵 8. 法兰 9. 逆止阀 10. 变径管 11、12. 管路卡环 13. 管路支撑架
14. 动力线 15. 支撑小梁 16. 支撑结构 17. 钢丝绳 18. 滑轮提升机 19. 固定装置
20. 钢丝绳 21. 井巷 22. 潜水电机 23. 轨道小车 24~27. 机械密封 28. 支撑天梁
29. 管路 30. 巷道铁轨 31. 变径管 32. 绳卡 33~37. 井口牵引结构

1.3.3 矿井救灾排水技术现状

(1) 深潜接力救灾排水系统

我国于 20 世纪 80 年代从德国引进成套大功率潜水电泵系统，该系统具有扬程高、流量大、安装方便、可深潜运行等特点，特别适用于我国各类矿井水灾害事故的救援和灾后复矿工程。该系统采用上泵、下机立式安装的方式，为平衡系统运行时多级潜水泵产生的轴向力[67]，多级潜水泵采用两组叶轮对称设计结构，采用此方法设计的多级潜水泵按吸水口的个数可分为单吸式和双吸式两种潜水泵，其中双吸式潜水泵具有上下两个吸水口，其结构如图 1-6（a）所示，针对双吸式多潜水泵，立式安装时其上吸水口高度在 7~12m 位置，而救灾排水要求将被淹没矿水位降至离井底 0.5~1.0m[68-70] 位置，以便人员进入矿井开展堵水和抢修泵房工作，很明显，单靠其双吸式潜水电泵系统本身能力无法将水面排至理想位置，潜水电泵所需的潜没深度为：

$$H = H_上 + L + H_下 \qquad (1-1)$$

式（1-1）中，H——潜水电泵所需的潜没深度，m；

　　　　　　$H_上$——潜水泵上吸水口吸水安全高度，$0.5\sim1.0$m；

　　　　　　L——潜水泵和潜水电机总长，$7\sim12$m；

　　　　　　$H_下$——排水系统与井底安全距离，0.5m左右。

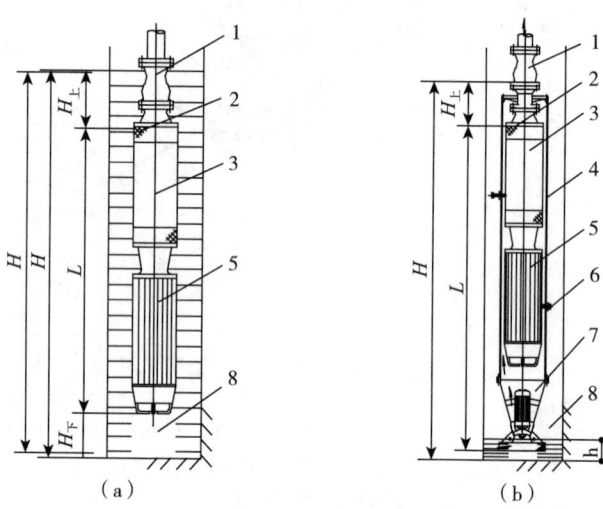

图1-6　深潜接力排水系统示意

1. 泵出水口　2. 泵吸水口　3. 潜水泵　4. 吸水罩

5. 潜水电机　6. 定位螺丝　7. 接力泵　8. 矿井

由上述分析可计算出，立式救灾排水系统运行时的潜没深度最小要$8\sim$13.5m，针对无井底水窝或浅井底水窝的矿井，这一高度无法满足矿山救灾排水的需求，技术人员无法进入被淹矿井实施救援，致使救灾排水系统使用范围和功能受限。20世纪80年代，冯立杰[66][73]等人在工程中创新性地提出了深潜接力救灾排水系统，此救灾排水系统在原有潜水电泵外部加装了吸水罩，并在吸水罩下端安装大流量混流接力泵，其结构如图1-6（b）所示，当矿井水位下降到潜水泵上吸水安全位置时，启动大流量混流接力泵，由大流量接力泵向吸水罩内供水，供水量远大于潜水电泵的吸水量，保证潜水电泵不出现干吸，相当于为原潜水电泵提供了临时吸水仓，此深潜接力救灾排水系统可将矿水排到距井底0.5m左右的理想位置。这一创新成果在之后矿井抢险排水工程中得以广泛使用，发挥了不可替代的作用[71]。

深潜接力排水系统可根据救灾矿井的实际情况，采用立式、斜式、卧式等安装，并由此产生多项实用救灾排水技术。

①立井接力救灾排水技术。按井底水窝建设情况可将矿井分为井底全水窝、井底浅水窝或井底无水窝 3 类。针对全水窝矿井且淹井后水窝淤积不严重，立井接力抢险排水系统无须使用接力泵，仅需在潜水电泵外加装吸水罩，使所排出的矿井水流经电机外壳与吸水罩之间的过流通道，保证潜水电机散热良好，如图 1 - 7（a）所示。针对浅水窝和无水窝矿井，为保证将矿井水降至安全高度且潜水电泵不发生缺水干吸，必在潜水电泵外同时加装吸水罩和接力泵，当矿井水降至一定高度时开启大流量混流接力泵为潜水电泵供水，保证潜水电泵的安全运行，将矿井水排至理想高度，如图 1 - 7（b）、图 1 - 7（c）所示。

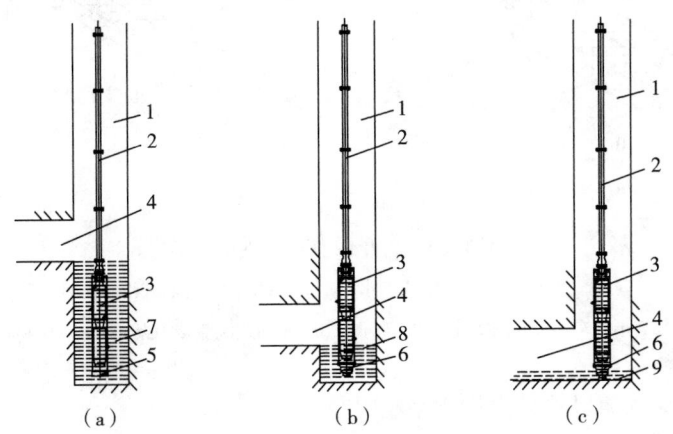

图 1 - 7　三种立井救灾排水系统

1. 井筒　2. 排水管路　3. 潜水电泵　4. 井底巷道　5. 吸水罩

6. 充油式混流接力泵　7. 全水窝矿井　8. 浅水窝矿井　9. 无水窝矿井

②斜井接力救灾排水技术。在斜井接力救灾排水技术[72-73]中，潜水电泵安装于吸水罩内，通过小托车放置于斜井轨道上，沿轨道将排水设备一次下放至井底，管路沿轨道铺设，将矿井积水一次排至井底，进行堵水并恢复生产排水系统，最终恢复矿井生产。此排水系统要求矿井轨道状况良好，斜井中不存在较大的坡度变化，此技术的特点是对井口支撑结构强度要求不高，但需要铺设较长的管路，受管路阻力影响，整个系统效率较低，系统如图 1 - 8（a）所示。

当矿井突水来势凶猛，造成井巷中原有轨道冲垮或淤积，无法安放小托车时，针对此种矿井可采用无轨道斜井救灾排水技术进行排水，此技术的特点是将潜水电泵安装于吸水罩内，通过小托车将排水装备安放在临时铺设的轨道上，排水设备置于水面之上，吸水罩下端通过金属软管与大流量接力泵相连，大流量接力泵通过浮子漂浮于矿井水中，通过软管向潜水泵喂水，实现追排水的目的。此排水技术最大的优点是解决了斜井无轨道排水的难题，可以实现一边排水，一边抢修轨道，直至排水成功，其结构如图1-8（b）所示。

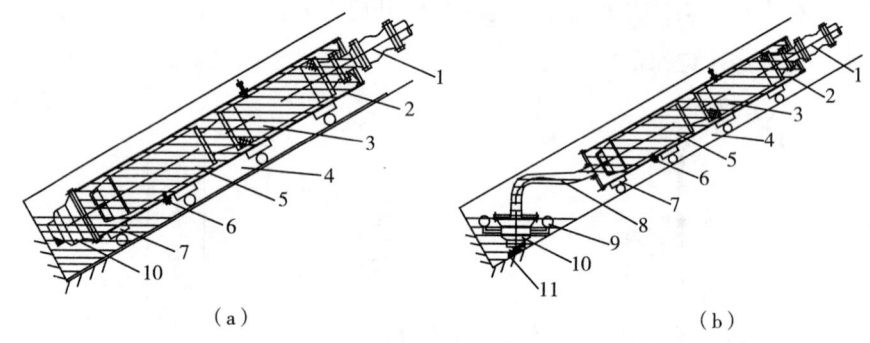

（a）　　　　　　　　　　　　（b）

图1-8　斜井接力救灾排水技术

1. 潜水泵出口　2. 吸水罩　3. 双吸式潜水泵　4. 斜井　5. 充水式潜水电机　6. 定位螺丝

7. 小托车　8. 金属软管　9. 浮子　10. 充油式混流接力泵　11. 障碍物

（2）大功率卧式救灾排水系统[74-77]

针对煤矿斜井或水平工作面发生突水且涌水量较小时，可以采用多台潜水污水泵的串关联将积水排至井底水仓，再由中央排水系统排至井外；当涌水量较大且矿井较深时，采用上述方法无法解决问题，这时可采用预先设置的大功率卧式救灾排水系统。

大功率卧式救灾排水技术是将潜水电泵系统整体固定安装于吸水罩内，事先安放于矿井水平巷道中的轨道上，并修水闸门，沿平巷和立井安装竖直排水管路，延伸至地面。当矿井涌水量增大或发生矿井突水事故时，启动水平巷道中预置的大功率卧式救灾排水系统，可在短时间内大幅增强矿井的排水能力，增强矿井抵御水灾害的能力，争取救援时间，同时避免整个矿井被淹，如图1-9所示。

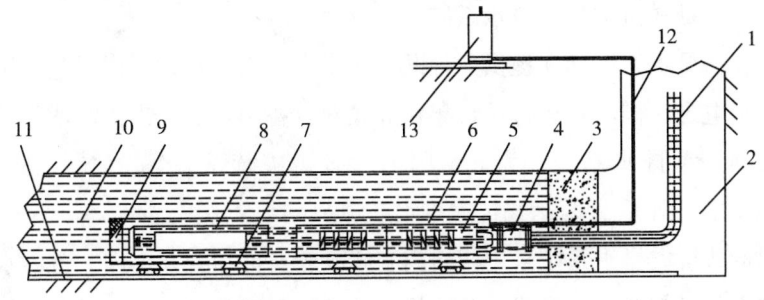

图 1-9　大功率卧式救灾排水系统

1. 管路　2. 立式矿井　3. 临时闸门　4. 逆止阀　5. 多级泵　6. 吸水罩

7. 移动车架　8. 充水式潜水电机　9. 过滤网　10. 突水巷道

11. 大巷轨道　12. 供电线缆　13. 控制柜

(3) 多功能组合式救灾排水技术

矿井"老空突水"的特点是水压高、水量不大、来势凶猛、水中伴有杂物，极易造成人员伤害。多功能排水组合系统[78-79]最适合此类水灾害的救治，这种抢险排水系统由一些小型潜污组成，具有强大的排污功能，通过软管连接潜污泵，可根据排水需要进行潜污泵组的串联或并联，小型潜水电泵重量轻，两三个人可以很方便移动，整个系统机动灵活，可移动性强，安装时间短，可迅速投入使用。对于一般的"老空突水"，采用此种抢险排水系统可在两三天内排干积水，有效抢救遇险人员，并且安装一套系统只需几个小时，可以多套系统同时施工，如图 1-10 所示。

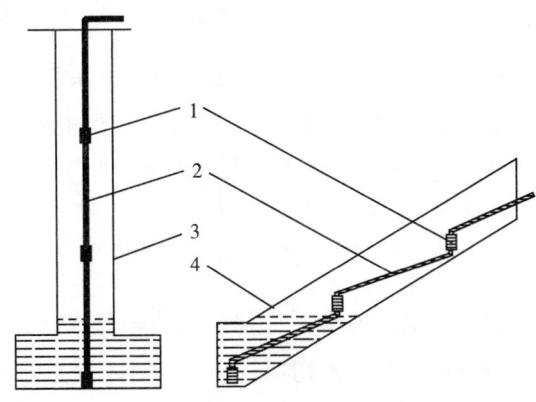

图 1-10　多功能组合式救灾排水技术示意

1. 潜水污水泵　2. 管路　3. 立式井筒　4. 斜式巷道

（4）两栖式抗灾抢险排水系统

抗灾型排水系统旨在提供一种既能像正常矿用排水泵一样干式使用，又可像潜水电泵一样潜水运行，长年在井底水仓备用，能在需要时增强矿井排水能力的一种排水系统。为此，国内学者孟国营[80]、冯立杰[81-82]、李维熙[83]等人提出了一种两栖式抗灾排水系统。

两栖式抗灾排水系统采用两组离心式泵轮对称布置，由同一台潜水电机提供动力，具有两个吸水口，此结构设计的主要目的是使两组泵轮运行时产生的轴向力相互抵消，减小潜水电机在运行时所受的轴向力。潜水电机固定安装于其中一侧的吸水管中，电机外壳与吸水管之间形成通道，系统运行时矿井水流过潜水电机与吸水管之间的通道，带走潜水电机产生的热量，增强了潜水电机的散热效果。其结构如图 1-11 所示。

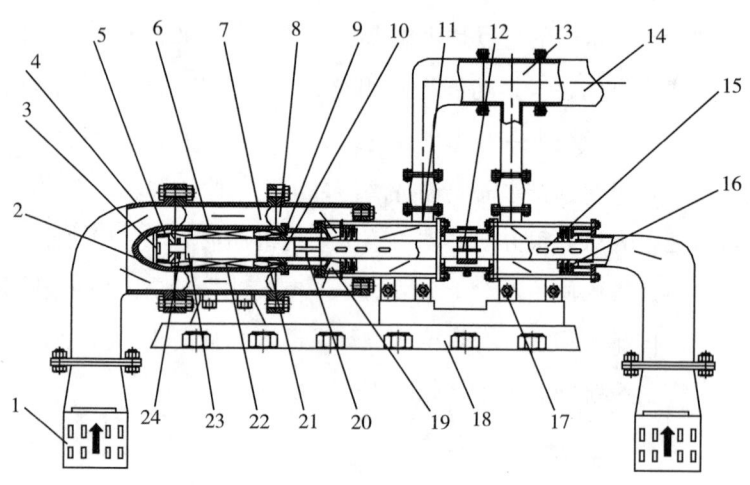

图 1-11　两栖式抗灾抢险排水系统结构示意

1. 滤网进水口　2. 电机后端盖　3. 压力平衡胶囊　4. 导流罩　5. 止推轴承　6. 电机机壳
7. 电机支撑结构　8. 电机冷却通道　9. 前端盖　10. 电机轴　11. 大巷轨道　12. 供电线缆
13. 三通管　14. 总出水管道　15. 泵轴　16. 叶轮组　17. 螺栓　18. 底座　19. 水泵进水口
20. 联轴套　21. 机械密封　22. 电机定子　23. 电机转子　24. 止推轴承

抗灾型矿用卧式潜水电泵提供了一种全新的矿井抗灾和救灾排水模式。在矿井涌水量增大或发生矿井突水初期，开启两栖式救灾排水系统，与原有生产排水系统一起抵御矿井来水，短时间内增加矿井排水能力，争取矿工逃生时间；此系统特点是不怕水淹，当矿井被淹没时，该系统可转为救灾排水系统与救灾排水系统联合展开矿井救灾，参与矿井排水复矿工程，将矿井突发水事故造成的损失减到最低程度。该系统平时不需水潜于矿井水中运行，方便日常的保养、检修、运输、拆卸和维护，由于潜水电泵平时不需要淹没水中，避免了井下淤泥对该系统的侵蚀，使该系统具有较长的使用寿命和较高的可靠性。

1.3.4 潜水电机的分类及冷却方式

(1) 潜水电机的分类

潜水电机的分类可按供电电流类型、供电电压等级和电机结构分类，如图 1 - 12 所示，具体分类如下：

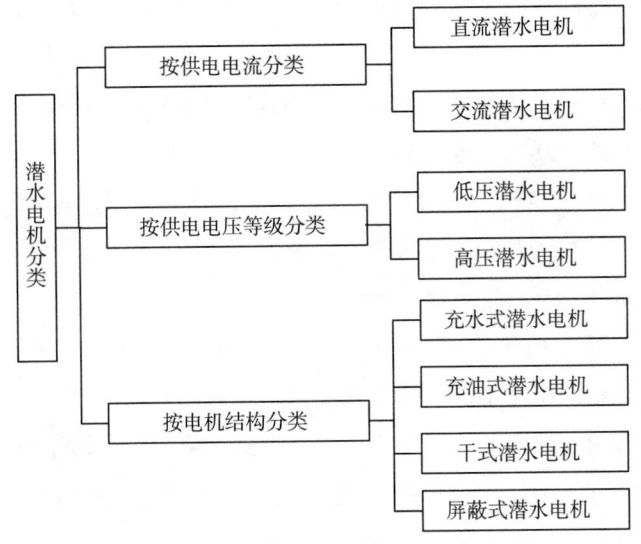

图 1 - 12 潜水电机的分类

①按供电电流类型分类。潜水电机按供电电流类型的不同可分为交流潜水电机和直流潜水电机两类。其中直流潜水电机结构及制造工艺复杂，生产及维修成本高，但其具有启动转矩大、相较于交流电机调速性能好等优点，因此常用在对启动性能和调速性能要求高的场合使用，如电动汽车、深海潜艇、大型轮船排水等特殊场合。交流潜水电机启动性能和调速性能不及直流电机，但其具有结构简单，易于维修，可靠性好等优点，目前矿井排水系统中使用较多的是交流潜水电机。

②按供电电压等级分类。潜水电机按电源供电电压等级可分为低压潜水电机和高压潜水电机，深井救灾用潜水电机要求具有大功率、大流量、高扬程等特点，多采用高压潜水电机，常见电压等级有 6kV 和 10kV。

③按电机结构分类。潜水电机按内部结构的不同可分为充水式、充油式、干式和屏蔽式 4 类。

a. 充水式潜水电机内腔充满清水或防锈液，内部绕组采用绝缘导线，电机轴伸出部位采用机械密封，电机尾部装有压力平衡胶囊，确保电机运行过程中内外压力基本一致，防止电机内部冷却水机械密封与外部矿井水发生互换，减少外部杂质进入电机内腔的机会。充水式潜水电机具有较好的冷却效果，在深井救灾排水工程中应用广泛。

b. 充油式潜水电机内腔充满绝缘润滑油，接口配合部位均采用机械密封装置，目的是阻止充油式潜水电机内部油液外泄，同时阻止外部矿井水进入潜水电机内部，导致油液的乳化。充油式电机下部同样装有保压装置，保证电机运行时内外压力基本一致。

c. 干式潜水电机内部为充满空气的干式结构，电机轴伸出部位装有机械密封装置，其目的是防止电机外部矿井水进入电机腔体。干式潜水电机的潜没深度受机械密封性能限制，潜没深度不大。

d. 屏蔽式潜水电机的定子封闭在非磁性材料制作的屏蔽套内，蔽套内填充固体填充物或绝缘油。转子腔内充满清水或防锈润滑液，电机轴露出部位采用机械密封。屏蔽式潜水电机定子有独立的密封腔，转子腔体内允许进水，可靠性较好，但结构更复杂，且散热效果不如充水式或充油式潜水电机，限制了其发展。

（2）潜水电机的冷却方式

潜水电机冷却方式按冷却介质的不同可分为以下 4 种：a. 空气内冷、水外冷；b. 绝缘油内冷、水外冷；c. 内、外双水冷；d. 空气内冷、空气外冷。其中第三种冷却方式效果最佳，主要应用于大型水轮发电机和大功率充水式潜水电机。但深井潜水电机具有大功率、大发热量的特点，且深井水流运行差，不利于机壳外部的热交换，即便采用上述内、外双水冷结构，也容易产生电机内局部温升过高问题，因此需要进一步优化大型潜水电机冷却结构，以满足潜水电机安全运行需求。

1.3.5　潜水电机流场和温度场研究现状

潜水电机内冷却介质的流动特性直接影响着电机的冷却效果，研究潜水电机的温度场不可避免地要对其内部冷却的流动特性进行研究。深井充水式潜水电机内的流场和温度场研究涉及电磁学[84]、流体力学[85-88]和传热学[89-90]等多个学科，目前国内外学者对深井潜水电机的研究较少，国内外大型电机的流场和温度场研究多集中在大型水轮发电机的研究[91-99]中。

2016 年，陈国荣[100]、唐卫全等人针对 45kW 充水式潜水电机的主要结构进行了优化设计，通过样机的测试和实际应用证明了充水式潜水电机设计结构的合理性，无故障运行时间达到了 5 000h。

2013 年，王灵沼[101-102]将充水式潜水电机视作等温体，假定电机内部所产生的热量通过电机壳与外部进行交换，运用牛顿换热定律计算出了电机的平均温升，研究了电机外表面流体流速对电机温升的影响，并总结了降低充水式潜水电机温升的方法。

2013 年，鲍晓华、方勇、程晓巍[103-105]等人以 10kV、800kW 大型干式潜水电机为研究对象，分别利用有限元法研究了其内部温度场分布和电场的分布特性，以及电机定子电场对电机绕组绝缘的影响。方勇等人还建立了800kW 干式潜水电机定子绕组端部三维涡流损耗有限元分析模型，分析了电机运行时端部结构对涡流损耗的影响，得出了一些有益结论。

2011 年，鲍晓华[106]、刘冰等人利用神经网络对潜水电机的绝缘进行了预测，研究分析了高压潜水电机绝缘的影响因素。

2013 年，鲍晓华[107]、盛海军等人研究了湿式潜水电机转子水摩擦损耗，进而对湿式潜水电机转子温度场分布进行了有限元仿真分析。

胡岩[108]、李龙彪等人利用流固耦合方法研究了充油式潜水电机内部的各项损耗，并通过试验验证了计算结果的有效性。

国内学者冯立杰[12][50][60]、杨武洲[56]等人重点研究了深井潜水电机工程应用模式，并将研究成果应用于国内各类矿山的救灾排水工程中，取得了良好效果。

2006 年，靳廷船[109]、李伟力等人利用有限元方法对复杂结构小型感应电机的温度场进行研究，在建立二维有限元分析模型的基础上计算了不同运行工况下电机定子的温度场稳态分布情况。

2016 年，丁树业[110]、王海涛等人以 55kW 异步电动机为例，利用有限体积法研究了其内部的流体场和温度场，揭示了其内部流体流动特性，并通过与试验数据的对比分析，验证了计算方法和计算结果的正确性。

A F Armor[111]等人利用有限元分析方法对异步电机定子的温度场进行了研究，研究结果表明，采用有限元分析方法计算电机内温度场相对于传统解析法具有更高的精度。

2000 年，法国学者 Chauveau E[112]等人用有限元方法分析了电机内部的磁场分布和温度场分布，并计算了电机绕组最高温升，并对其所研究电机的可靠性做出了评价。

1999 年，Xyptras J[113]等人在分析铜耗和铁耗的基础上，利用有限元方法研究了三相鼠笼异步电机的二维稳态温度分布，并考虑电机转子深槽效应的影响，对三相鼠笼异步电机进行了温度场瞬态研究，得出了温度分布规律。

由文献分析可知，国内外学者对电机内部流场和温度场的研究多集中于风冷干式电机、永磁电机和大型水轮发电机领域，对充水式潜水电机的冷却结构、流体流动特性、温度分布及其试验的研究相对不足。

1.4　研究目标及内容

1.4.1　研究目标

本书以电磁学、流体力学、传热学和相似理论为研究基础，采用理论分析、数值仿真和样机试验等手段，对深部矿井救灾排水系统充水式潜水电机内部流体流动特性和温升特性展开研究，旨在揭示潜水电机结构参数和运行参数对电机内部流体流动特性、温升特性以及电机机械损耗的影响，为电机冷却结构的优化设计和潜水电机内冷却水流速确定提供依据；利用相似理论对充水式潜水电机内部流体流动相似和热相似进行研究，旨在将所得结论应用于指导其他同类或相似产品的开发和试验。

1.4.2　研究内容

基于以上研究目标，本书主要研究内容如下：

（1）优化设计充水式潜水电机内外水双循环冷却系统，在分析充水式潜水电机内部流体流动特点的基础上，建立了充水式潜水电机内部流体流动的控制方程，并介绍了研究流体紊流的计算模型和流体流动特性的数值计算方法，为深入研究充水式潜水电机内流体流动特性和温升特性奠定了基础。

（2）充水式潜水电机内流体流动特性研究。以 3 200kW 充水式潜水电机为研究对象，借助 ANSYS Fluent 流体分析软件分别研究不同参数对充水式潜水电机气隙内流体流动特性的影响，揭示深井充水式潜水电机运行内部流体流动的规律。为下一步电机转子水摩擦损耗的计算、表面换热系数的计算和电机内合理流速及驱动泵轮的设计提供依据。

（3）基于流体流动特性的充水式潜水电机定子温升的研究。针对充水式潜水电机的结构特点，研究 3 200kW 深井充水式潜水电机的各项损耗，重点研究各参数对充水式水摩擦损耗的影响；分析了潜水电机内部热量传递路径，考虑多热源对电机定子温度分布的影响，运用 ANSYS Workbench 有限元分析软件研究了 3 200kW 充水式潜水电机在不同气隙进口流体轴向流速下定子的温度分布情况，提出 3 200kW 充水式潜水电机内部气隙进口流体的合理流速，并结合中气隙进口流体流速对气隙流体压力分布影响的分析结果，提出电机内驱动泵轮的设计方法，并对电机内水循环冷却系统的驱动泵轮进行设计。

（4）深井潜水电机的试验研究。针对 3 200kW 深井潜水电机进行空载运行试验，测得潜水电机的铁耗和机械损耗。搭建深井潜水电机地面综合试验平台，在地面试验条件下实现深井潜水电机的额定工况运行，测得 3 200kW 潜水电机额定工况下运行时内部关键部位温度值，为判断有限元分析结论的正确性提供依据。对充水式潜水电机线缆绝缘进行工频耐压试验、线缆接头耐水压试验、各相对地绝缘电阻测量和相间绝缘电阻测量，旨在保证潜水电机的绝缘性能。

（5）深井充水式潜水电机相似理论的研究。利用相似理论分别推导出深井充水式潜水电机内流体流动相似准则和对流换热相似准则，将文中研究所得结论推广至同类相似现象中，用于指导同类或相似电机冷却结构的设计和模型试验，为试验的安排和数据整理提供有效方法，为其他类型电机的设计提供有益借鉴。

1.5　研究技术路线

基于本书的研究内容，本书研究技术路线如图 1-13 所示。

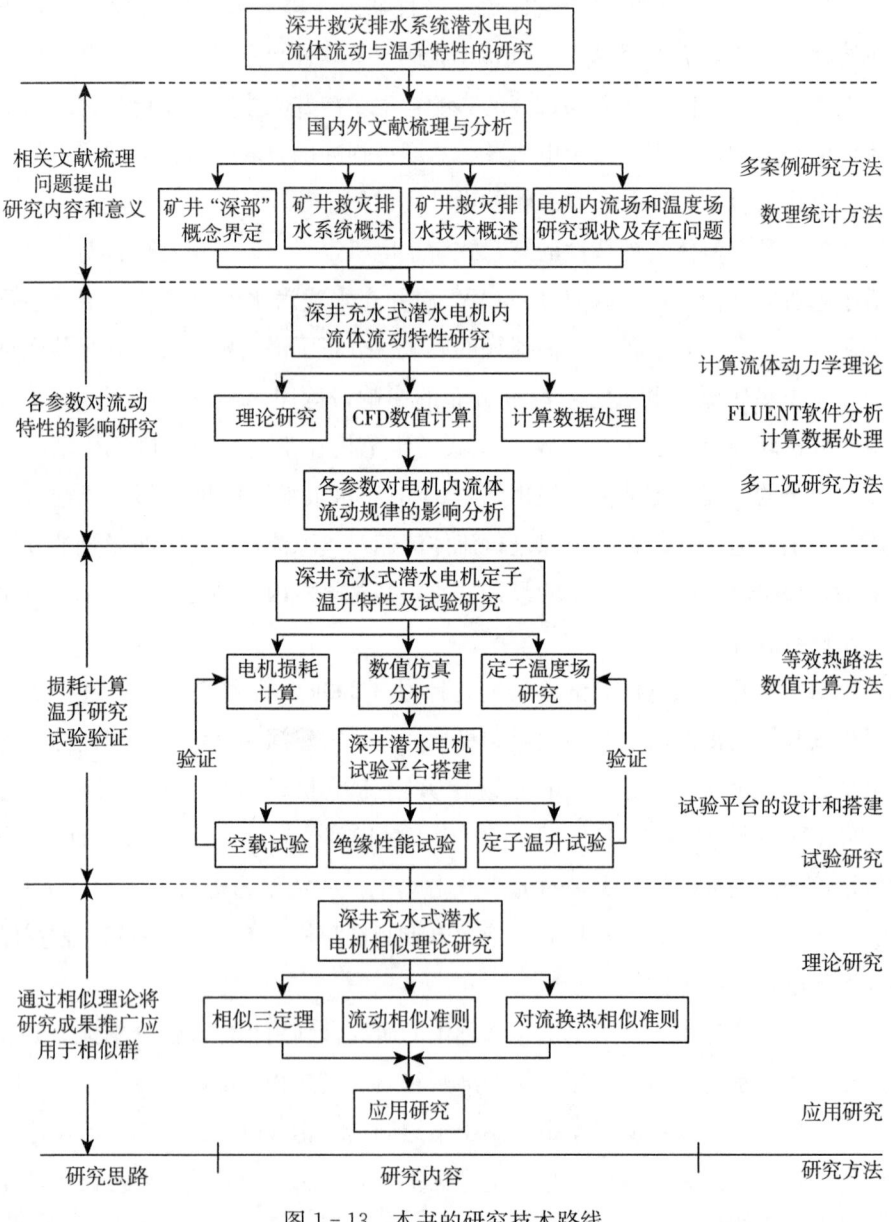

图 1-13　本书的研究技术路线

1.6　本章小结

　　本章首先对本书的课题来源、选题背景及意义进行了系统概述，提出了本书所要研究的主要问题，从救灾排水的角度界定了矿井"深部"的概念；介绍了常规救灾排水系统的结构，总结了国内的先进救灾排水系统及技术，对国内外大型电机的冷却、流场及温度场研究现状进行了归纳，指出本书研究充水式潜水电机流体流动特性和温升特性的必要性；最后确定了本书的研究内容，明确了本书的研究技术路线。

深井充水式潜水电机的结构及流体数值计算理论研究

2.1 引言

潜水电机按其内部结构不同可分为干式、充水式、充油式和屏蔽式4种基本形式。其中充水式潜水电机具有功率高、潜没深度大、承受水压高等优点，最适合应用于深井救灾排水工程。深井充水式潜水电机运行时会产生大量热量，造成电机内部温度升高，合理的结构设计和内部冷却水的流动状态与特性直接影响着潜水电机的冷却效果。本章介绍了潜水电机的结构设计特点，设计了充水式潜水电机内、外水双循环冷却结构；在建立充水式潜水电机内流体运动控制方程的基础上，分析了流体紊流计算模型、控制方程的离散方法和SIMPLE算法；最后介绍了利用FLUENT流场分析软件进行流体数值计算的流程，为下一步研究充水式潜水电机内流体流动特性奠定了基础。

2.2 深井充水式潜水电机的结构

2.2.1 深井充水式潜水电机的整体结构

我国于20世纪80年代由机械工业部和煤炭工业部组织天津电机总厂和石家庄水泵厂引进了德国RITZ公司大功率潜水机和潜水泵的制造技术，其中潜水电机部分由天津电机总厂负责，后来河南矿山抢险救灾中心经过多年的应用和改进，形成了我国现有的深井潜水电机结构。

深井潜水电机是三相异步电动机的一种，常与高扬程潜水泵配套组成潜水电泵，主要用于矿井的应急抢险排水或灾后复矿工程。由于深井潜水电机使用环境的特殊性，使用空间限制了其径向尺寸，其整体结构采用细长结构设计。使用时潜入矿井水中立式、斜式或卧式运行，常用的潜水电机可分为干式潜水电机、充油式潜水电机、充水式潜水电机和屏蔽式潜水电机，其中充水式潜水电机腔内充满防锈润滑液或清水，电机的定子绕组、铁心、转子及轴承等发热部件均浸在润滑液或清水中，直接由润滑液或清水冷却，具有很好的冷却效果，且各接口接合面采用机械密封，且潜水电机内部设有保压装置，用以平衡潜水电机内外水压，使内部水压始终略大于电机外部水压，阻止潜水电机内部润滑液或清水和矿井水之间的交换，基于充水式潜水电机的结构优势，深井排水系统中常采用充水式潜水电机。深井充水式潜水电机的总体结构如图2-1所示。

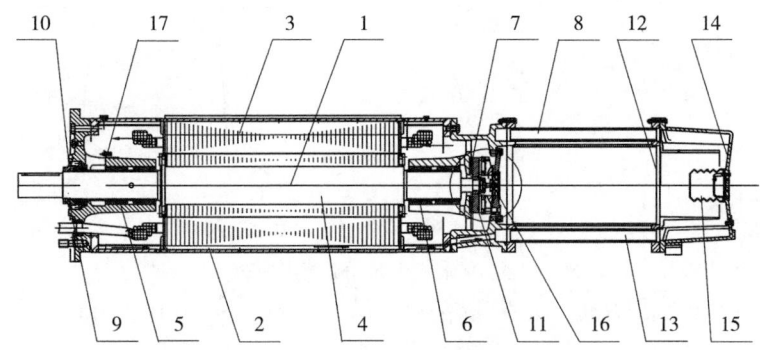

图2-1 深井充水式潜水电机的整体结构示意

1. 电机轴　2. 电机壳　3. 定子组件　4. 转子组件　5. 上导轴承　6. 下导轴承

7. 止推轴承装配　8. 冷却散热器　9. 机械密封装置　10. 甩砂环　11. 推力盘　12. 过滤器

13. 冷却水槽　14. 底座　15. 调节囊　16. 驱动泵轮　17. 贫水传感器

2.2.2　充水式潜水电机定子结构

（1）定子槽型

深井救灾排水系统潜水电机采用充水式三相异步电动机，在设计其定子槽数与每极每相槽数之间满足式（2-1），在潜水电机设计时，为了减小谐波强度、降低损耗，提高电机的功率因数，应适当增加电机定子每极每相槽数且保证其值为整数。定子每极每相槽数增加会造成电机定子槽数的增多，影响定子的槽满率，因此，定子每极每相槽数也不宜过多，针对异步电机一般取 2～6 为宜。

$$q_1 = \frac{Q_1}{2pm} \tag{2-1}$$

式（2-1）中，q_1——每极每相槽数；

p——极对数；

m——电机相数；

Q_1——定子槽数。

常见充水式潜水电机的槽型有梯形槽和梨形槽两种，每种槽型又分为半闭口槽、闭口槽，为保证电机齿部磁场密度均匀，常采用平行齿设计。充水式潜水电机定子槽型如图 2-2 所示。

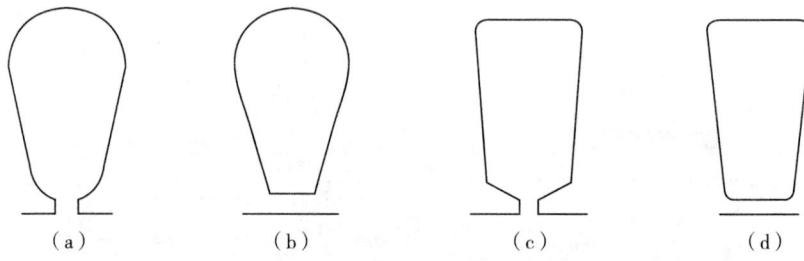

（a）　　　　　（b）　　　　　（c）　　　　　（d）

图 2-2　充水式潜水电机的定子槽型

（a）梨形半开口槽　（b）梨形闭口槽　（c）梯形半闭口槽　（d）梯形闭口槽

①梨形或梯形半闭口槽，见图 2-2（a）、图 2-2（c），半闭口槽会使电机气隙中的流场变得复杂，水摩擦损耗变大，增加电机的机械损耗，且会造成电机气隙磁场的均匀度变差，增加电机的杂散损耗。它适合于功率较小、铁心长度较短的充水式电机。

②梨形或梯形闭口槽，见图 2-2（b）、图 2-2（d），电机气隙流场相对平稳，气隙磁场波均匀，可有效减小电机运行时的机械损耗和杂散损耗，冲模制造简单，槽利用率较高；但采用闭口槽设计时漏抗较大，桥拱高度尺寸不易保证。它适用于功率较大、铁心较长、绕组嵌线有困难而采用穿线工艺的绕组。

本书研究的充水式潜水电机 4 极三相异步电动机，其定子的设计总槽数为 48 个，每极每相槽数为 4，槽型采用梯形闭口槽设计，如图 2-3 所示。

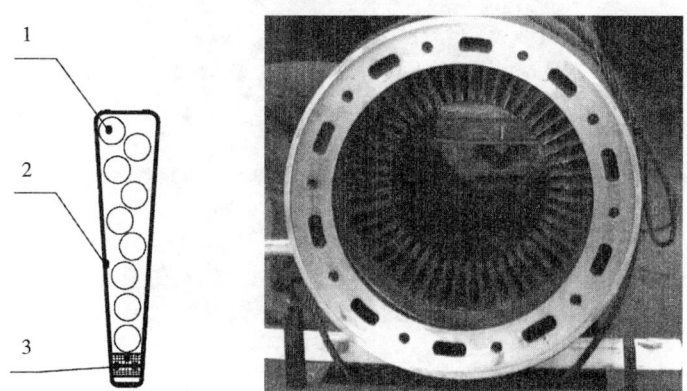

图 2-3　深井充水式潜水电机的定子槽型
1. 电机定子绕组　2. 电机定子槽　3. 槽楔

（2）定子绕组形式

一般当每极每相槽数 $q_1=2$ 时，选用单层链式绕组，当 $q_1=3$ 时，选用单层交叉式绕组，当 $q_1=4$ 时，选用单层同心式绕组。

三相电机的绕组的连接形式一般有三角形和星形两种，在深井高压潜水电机中，绕组的连接形式采用星形连接，中型低压潜水电机绕组也可采用三角形连接。

本书研究的深井潜水电机定子绕组为单层绕组，采用星形连接方式，其绕组展开图如图 2-4（a）所示，实物图如图 2-4（b）所示。

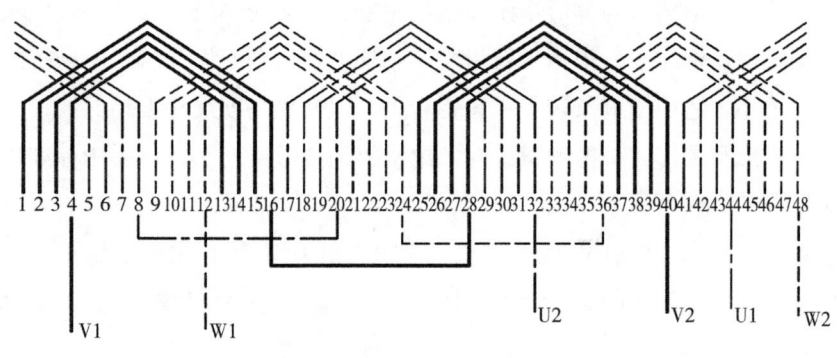

（a）

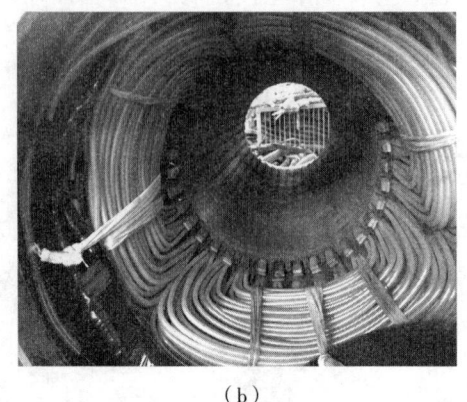

（b）

图 2-4　深井充水式潜水电机的定子绕组

2.2.3　充水式潜水电机转子结构

充水式潜水电机常用的转子槽形有梨形、梯形、矩形和圆形等，其中每种槽型又分为半闭口和闭口两种。转子槽型如图 2-5 所示。

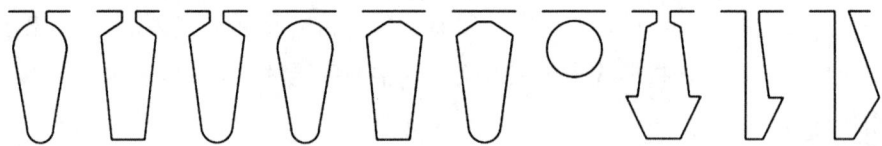

图 2-5　深井充水式潜水电机转子槽型

平行齿梨形槽型和梯形半闭口槽型主要适用于功率较小、铁心长度较短的电动机的铸铝转子；采用平行齿梨形和梯形闭口槽型设计时，电动机的杂散损耗较小，适用于铜条转子或铸铝转子，但桥拱高度尺寸不易保证；采用平行齿矩形和圆形闭口槽型设计时，电动机的杂散损耗小，可采用标准规格的矩形或圆形铜条。

本书研究的 3 200kW 深井充水式潜水电机采用 54 均布圆形槽设计，槽内插入圆形铜条，端部采用端环进行连接，构成鼠笼型转子结构。图 2-6（a）为转子示意，图 2-6（b）为转子实物。

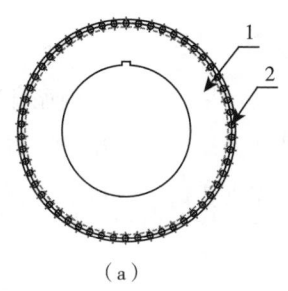
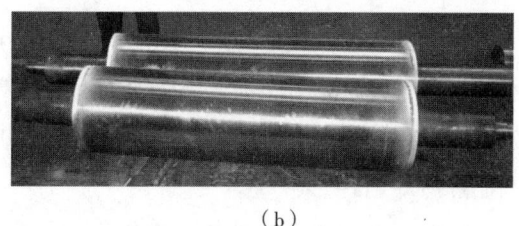

（a）　　　　　　　　　　　　　　（b）

图 2-6　深井充水式潜水电机的鼠笼型转子结构
1. 转子冲片　2. 转子导条

2.2.4　充水式潜水电机止推轴承结构

深井充水式潜水电机转子轴尾端装有止推轴承，用以承受电机转子自重和潜水电泵运行时由潜水泵所产生的轴向力。由于深井排水系统运行时产生的轴向力较大，超出了一般滚动止推轴承所能承受的压力范围，因此，本书研究的深井潜水电机止推轴承采用承载能力较高的滑动止推轴承。

充水式潜水电机运行时止推轴承与电机轴端的滑板发生摩擦，以清水作为润滑和冷却介质，有较好的冷却效果，但是水的黏度较低，润滑效果有限，需要选用耐磨性好、摩擦系数小、承载力和自润滑效果好的材料，以保证其高速运转时的润滑效果。经过比较，本书设计的止推轴承采用分块调心式结构，扇形块个数为 12 个，材料选用耐磨铜合金，止推轴承结构如图 2-7 所示，其安装位置见图 2-7（a）。

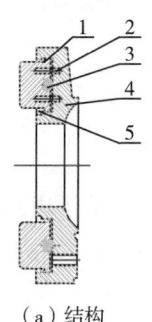

（a）结构　　　　　　　（b）实物　　　　　　　（c）磨损后的实物

图 2-7　深井充水式潜水电机止推轴承结构
1. 扇形滑块　2. 柱销　3. 支块　4. 托架　5. 卡环

2.2.5　充水式潜水电机冷却结构设计

根据深井充水式潜水电机的结构和运行特点，设计了潜水电机内循环冷却水道，内部冷却水在外加驱动泵轮的作用下沿设计的流道循环流动，与排水工程中常用吸水罩外水循环结构相结合，形成了充水式潜水电机的内、外水双循环冷却结构。

（1）潜水电机内水循环冷却结构

深井充水式潜水电机在使用时内部充满冷却水，潜水电机运行过程中依靠机械密封保证其内部的水不与外部井水发生交换。与传统潜水电机相比，本书研究的潜水电机最大的特点是在电机定子外沿设计了宽 40mm、高 25mm 的凹形槽，与电机壳内壁形成冷却水道，其结构如图 2-8 所示。电机转子轴的末端装有驱动泵轮，当潜水电机运行时，驱动泵轮随潜水电机转子同速转动，驱动潜水电机内部的冷却水沿设计的流道循环流动，形成潜水电机内水循环冷却系统。

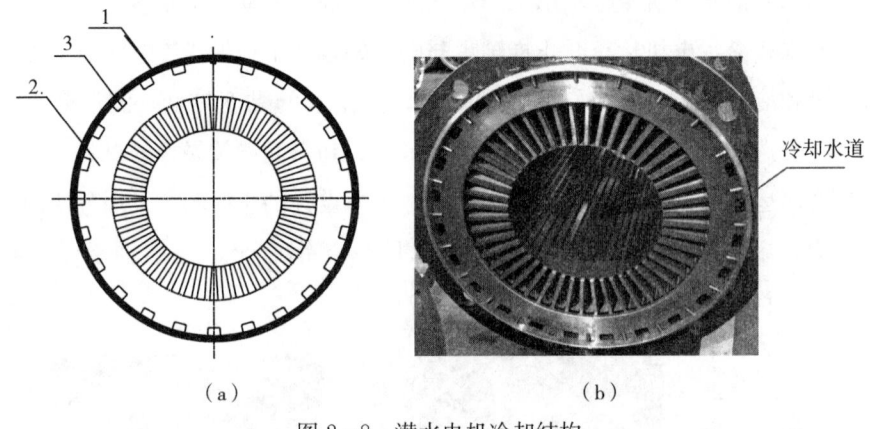

（a）　　　　　　　　　　　（b）

图 2-8　潜水电机冷却结构

1. 电机壳　2. 定子组件　3. 冷却水道

潜水电机内水循环冷却流道由电机定、转子气隙、电机定子槽内空隙、电机定子外沿与电机壳之间的冷却水道、冷却器、冷却管和与电机同轴相连接的离心式泵轮组成。在泵轮的驱动作用下，冷却器中的冷却水经泵轮加压后沿电机定、转子气隙和定子槽内气隙流道到达电机上部腔体内，在此过程中冷却水途经止推轴承，为其提供必要的润滑和冷却，冷却水到达电机上部以后，再由定子外缘的通道和冷却管流回流至电机尾部的冷却器中。潜水电机内水循环冷却结构如图2-9所示。

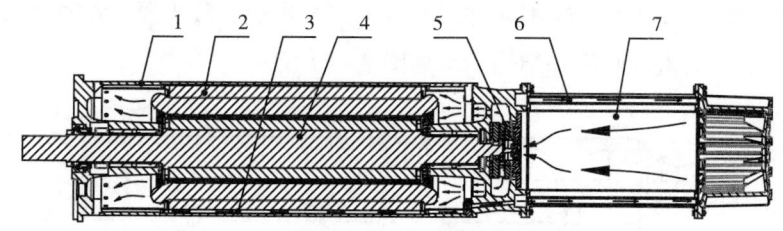

图2-9 潜水电机内水循环冷却结构

1.电机机壳 2.电机定子 3.冷却水道 4.电机转子 5.泵轮 6.冷却管 7.冷却器

潜水电机内水循环的优点是增加了电机定子散热面积，电机运行时内部热量通过循环的冷却水直接传递至电机壳，有利于将热量传递至电机外部，大幅度提升潜水电机的冷却效果。另外，电机内部冷却水的循环流动使其内部各部分的温度趋于平均，可以有效解决电机内部局部温升过高问题。充水式潜水电机尾部设有保压胶囊，材料为橡胶，保压胶囊在充水式潜水电机中有两种作用：一是保证充水式潜水电机运行时和停机时腔内压力与外部环境压力保持基本一致，阻止电机内腔清水与外部矿井水之间的大量交换；二是保证电机运行时内腔与外部有一定压力，使电机机械密封的动静部位间有必要的润滑。

（2）潜水电机外水循环冷却结构

潜水电机外水循环冷却结构主要包括潜水泵、潜水电机、吸水罩和定位螺栓，潜水电泵立式运行时采用上泵、下机的安装模式，潜水电泵通过定位螺栓固定于吸水罩内部，吸水罩上部与潜水电泵出口端通过法兰固定连接，下部安装大流量混流式接力泵，吸水罩与潜水电机之间形成过水通道，当潜水电泵运行时，且矿井水位较高时，不必启动接力泵，矿井水通过吸水罩与潜水电机之间的过水通道进入潜水泵，有利于带走潜水电机所产生的热量；当矿井水位低于潜水泵安全吸水水位时，启动接力泵，接力泵通过吸水罩给潜水电机供水，保证潜水电泵不发生干吸，接力泵所供矿井水仍将流经吸水罩与潜水电机之间的过水通道。外水循环冷却结构增强了潜水电机外部矿井的流动性，提升了潜水电机的散热能力，同时还拓宽了潜水电泵的应用模式，当矿井水位低于水泵吸水口时，接力泵向吸水罩供水，相当于为潜水电泵提供了临时水仓，实现了潜水电泵的非潜水运行，在矿井无井底水窝情况下，仍可使用此排水结构将矿井积水排至安全水位。吸水罩结构如图2-10所示，潜水电机外水冷却结构示意如图2-11所示。

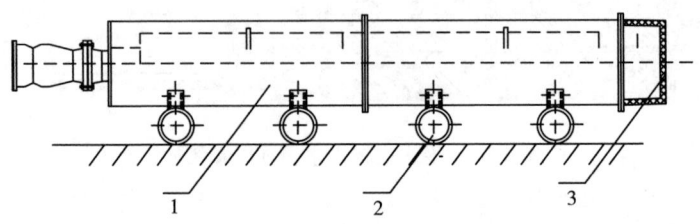

图 2-10　潜水电机吸水罩结构

1. 罩体　2. 小托车（适用于斜井或平巷，竖井中不需要）　3. 过滤网

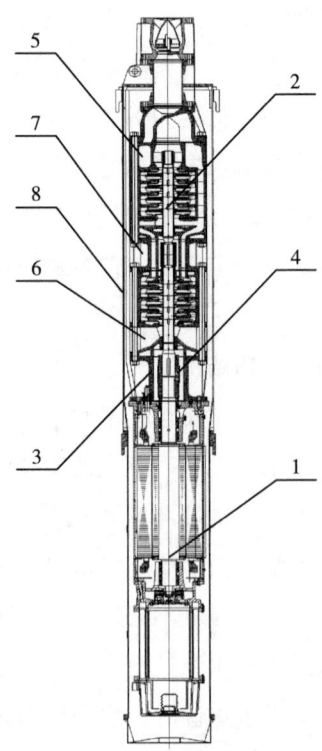

图 2-11　充水式潜水电机外水冷却结构示意

1. 潜水电机　2. 潜水泵　3. 泵机联结体　4. 泵机联轴套

5. 上吸水口　6. 下吸水口　7. 吐出段　8. 吸水罩

2.3 深井充水式潜水电机内部流体流动特点

由热力学定律可知，流体与非等温固体之间存在相对运动时，必然发生对流换热现象。潜水电机内流体的流动特性直接关乎其热量传递和对流换热的效果，因此，有必要对潜水电机内流体流动特点及换热的因素进行分析，为下一步电机内流体流动特性和温升特性的研究奠定基础。

2.3.1 流体的强迫运动

流体的运动按其发生的原因可分为自由运动和强迫运动两类，流体的强迫运动是相对于流体的自由运动而言的。流体的自由运动是指流体在自然状态下由于流体内部温差使各部分密度不同而引起的运动；流体强迫运动是指流体借助风机、水泵或空压机等流体机械的外力作用而产生的流动，流体强迫运动的影响因素有流体种类、速度快慢、压力大小、温度高低和流道状况等。流体强迫运动的速度通常比自由运动快很多，因此，流体强迫运动的换热强度远高于自由运动，例如：气体自然对流时的换热系数约为 $5\sim25W/(m^2 \cdot K)$，而气体受迫对流时的换热系数为 $25\sim250W/(m^2 \cdot K)$；液体自然对流时的换热系数约为 $200\sim1\,000W/(m^2 \cdot K)$，而液体受迫对流时的换热系数可高达 $2\,000W/(m^2 \cdot K)$。值得说明的是，强迫对流换热过程常伴有自由运动，流体流动速度越小，自由运动对换热的影响越大。

本书所研究的潜水电机内部设置了驱动叶轮，强迫内部冷却液体进行循环流动，流体的运动属于强迫运动。

2.3.2 流体的运动状态

流体有层流和紊流两种流动状态。层流是指流体在流动时，流体各部分与流道壁面保持基本平行的运动状态，即流体流动时各流层间不相互掺混，这时流体沿垂直壁面方向的分流速度很小，各流层间主要靠导热来传递热量，导热强度由流体的导热系数决定；紊流是指流体各部分呈现不规则随机流动状态，即流体流动时各流层间相互掺混，这时紧临流道壁面很薄的边界层内是以导热来传递热量，其他处主要依靠流体微团的不规则运动来进行热量传递，流体处于紊流状态时其对流换热系数远大于层流，自然界中的流体大多数处于紊流状态。

流体的雷诺数 Re 是判定流体流动状态的指标。当流体在圆管中流动时，雷诺数的定义如下：

$$Re = \frac{ud}{\nu} \qquad (2-2)$$

式（2-2）中，u——流体流动速度，m/s；

$\quad\quad\quad\quad d$——圆管内径，m；

$\quad\quad\quad\quad \nu$——流体的运动黏度，m^2/s。

针对圆管内流体，当雷诺数＜2 300 时，可以认为圆管内流体流动状态为层流，当雷诺数≥2 300 时，流体开始由层流状态向紊流状态转化，进入过渡阶段，当雷诺数大于 8 000～12 000 时，流体处于紊流状态，当雷诺数在两者之间时，流体中会同时发生层流和紊流。值得说明的是，由于影响流体流动状态的因素较多，因此临界雷诺数不是一成不变的，如在一些情况下雷诺数在 4 000 时，流体仍处于层流状态，而另有一些情况下雷诺数在 12 000 时，流体仍处于过渡阶段。

针对本书研究的深井充水式潜水电机，由于电机转子的作用，其运行时内部水的雷诺数在 10^6 级，可以判定其内部水的流动状态可视为紊流。

2.3.3 流体的黏性和牛顿流体

当流体流动时，由于流体内部的相对运动而产生抵抗其相对运动的内摩擦力，流体的这种具有内摩擦力的性质称为流体的黏性，由此而产生的内摩擦力称为黏性应力。流体黏性应力大小不仅与流体的性质密切相关，且与流体层的相对速度 du 成正比，与两流体层之间的距离 dy 成反比，这就是著名的"牛顿内摩擦定律"，其表达式可写为：

$$F_\tau = \eta A \frac{du}{dy} \qquad (2-3)$$

式（2-3）中，A——流体流层间的接触面积，m^2；

$\quad\quad\quad\quad \eta$——动力黏度，$(N \cdot s)/m^2$。

动力黏度值取决于流体种类、压力和温度，动力黏度 η 与运动黏度 ν 之间的关系 $\eta = \nu\rho$ 为 du/dy 流体沿接触面法线的流速梯度。

值得说明的是，牛顿内摩擦定律针对一些特殊流体是不适用的，根据流体流动时是否遵循牛顿内摩擦定律，可将流体分为牛顿流体和非牛顿流体。不同温度时水的运动黏度值见表 2-1。

表 2-1　不同温度时水的运动黏度值

温度/℃	$\nu/(cm^2/s)$	温度/℃	$\nu/(cm^2/s)$	温度/℃	$\nu/(cm^2/s)$
8	0.013 87	20	0.010 1	35	0.007 25
10	0.013 10	22	0.009 89	40	0.006 59
12	0.012 39	24	0.009 19	45	0.006 03
14	0.011 76	26	0.008 77	50	0.005 56
16	0.011 18	28	0.008 39	55	0.005 15
18	0.010 62	30	0.008 03	60	0.004 78

2.3.4　流体的可压缩性

自然界中流体在外部压力变化时，所占体积会出现增大或减小，同时会造成流体运动时的密度变化，流体的这种特性称为流体的压缩性，根据流体运动时的密度是否发生变化可将流体分为可压缩流体和不可压缩流体，当流体密度随外部压力变化而发生变化时，视为可压缩流体，否则视为不可压缩流体。在所有流体中，气体具有较强的可压缩性，在流体力学仿真计算时，如果气体速度对密度的影响可以忽略不计，可以用不可压缩流体模型进行计算，工程中常以马赫数作为判断气体可压缩性的无量纲准则，当马赫数小于等于 0.3 时，可忽略气体流动速度的影响，常视为不可压缩流体。水的可压缩性相对较小，在 10℃时体积模量为 $2.10 \times 10^9 Pa$，也就是说，对水体每增加一个大压，其体积压缩量约为 1/20 000，因此，在工程问题分析时常把水视为不可压缩流体。

本书所研究的潜水电机采用水冷结构，其内部以清水作为冷却介质循环流动，分析时将水视作不可压缩流体。

2.3.5　定常流和非定常流

以时间为标准，将产生流动时物理量（温度、速度、压力等）不随时间变化的流体称作定常流，将产生流动时物理量随时间而变化的流体称作非定常流。

本书所研究的充水式潜水电机启动初期，其内部冷却水在电机尾部泵轮的作用下流速变化较快，速度在较短时间内达到稳定；而电机内部温度将随着电机运行时间按一定规律增加，直至稳定，在试验中测得额定工况下潜水电机大约在40min后温度达到恒定值。因此，将潜水电机稳态运行时内部冷却水的流动视为定常流，在对定常流进行分析时可大大简化流体的数学模型，便于求解。

2.4 充水式潜水电机内流体控制方程

任何流体的流动必然服从质量守恒定律、能量守恒定律和动量守恒定律等基本守恒定律，深井充水式潜水电机运行时以清水作为内部冷却介质，在电机轴尾部泵轮的作用下沿潜水电机内部循环流动，增强潜水电机的冷却效果，避免电机内部出现局部过热现象，其内部流体流动遵循三大守恒定律。

2.4.1 连续微分方程

深井潜水电机内部充满冷却水，且占据整个内部流动空间，在分析研究中认为潜水电机内部是连续介质，其流动满足质量守恒定律，流体中质量守恒定律可作表述：在流体中取一个相对静止的空间六面微元控制体，单位时间内微元控制体中的质量增量等于同时间段进入该微元控制体中流体质量减去流出流体质量。空间六面微元控制体如图2-12所示，X轴、Y轴、Z轴方向的长度分别为 dx、dy、dz。

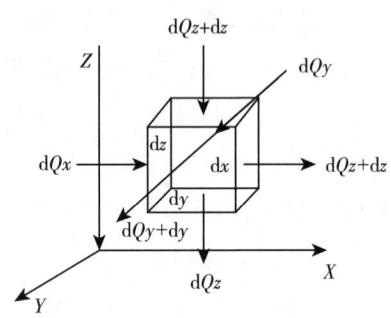

图2-12 流体中的六面微元控制体

在特定时间 $d\tau$ 内，沿 X 轴、Y 轴、Z 轴方向流入空间六面微元控制体的流体质量可分别表达为方程组（2-4）。

$$\begin{cases} m_x = \rho u \, dy dz d\tau \\ m_y = \rho v \, dx dz d\tau \\ m_z = \rho w \, dx dy d\tau \end{cases} \qquad (2-4)$$

在同一时间段 $d\tau$ 时间内，沿 X 轴、Y 轴、Z 轴方向流出六面微元控制体的流体质量可分别表述为式（2-5）。

$$\begin{cases} m_{x+dx} = \left[\rho u + \dfrac{\partial(\rho u)}{\partial x} dx \right] dy dz d\tau \\[2mm] m_{y+dy} = \left[\rho v + \dfrac{\partial(\rho y)}{\partial y} dy \right] dx dz d\tau \\[2mm] m_{z+dz} = \left[\rho w + \dfrac{\partial(\rho w)}{\partial z} dz \right] dx dy d\tau \end{cases} \qquad (2-5)$$

针对可压缩流体而言，六面微元控制体内流体由流体密度变化而引起的质量变化可表达为式（2-6）。

$$\Delta m = \frac{\partial \rho}{\partial \tau} dx dy dz d\tau \qquad (2-6)$$

由质量守恒定律可知，单位时间内流入微元体的流体质量等于同时间内流出微元体的质量和微元控制体内流体质量增量之和，可表达为式（2-7）。

$$m_x + m_y + m_z = m_{x+dx} + m_{y+dy} + m_{z+dz} + \Delta m \qquad (2-7)$$

将式（2-4）、式（2-5）、式（2-6）代入式（2-7）可得流体的连续方程如式（2-8）。

$$\frac{\partial(\rho u)}{\partial x} + \frac{\partial(\rho v)}{\partial y} + \frac{\partial(\rho w)}{\partial z} + \frac{\partial \rho}{\partial \tau} = 0 \qquad (2-8)$$

由于潜水电机内部流体为不可压缩流体，其密度 ρ 为常数，因此，可以得到不可压缩流体运动的连续方程。

$$\frac{\partial u}{\partial x} + \frac{\partial v}{\partial y} + \frac{\partial w}{\partial z} = 0 \qquad (2-9)$$

式（2-9）中，u——速度沿 x 方向的分量；

$\qquad\qquad v$——速度沿 y 方向的分量；

$\qquad\qquad w$——速度沿 z 方向的分量。

2.4.2 动量微分方程

在流体流动过程中必须满足动量守恒定律，流体的动量守恒定律可表述为：微元控制体中流体动量随时间的变化率等于作用于微控制体上所有外力的矢量和，该定律是牛顿第二定律在流体流动方面的表现。

在单位时间内，微元控制体在 X 轴、Y 轴、Z 轴方向的动量增量可表述为：

$$
\begin{cases}
\dfrac{\partial}{\partial x}(\rho u^2 \mathrm{d}y\mathrm{d}z)\mathrm{d}x = \dfrac{\partial(\rho u^2)}{\partial x}\mathrm{d}x\mathrm{d}y\mathrm{d}z \\[3mm]
\dfrac{\partial}{\partial y}(\rho uv\mathrm{d}x\mathrm{d}z)\mathrm{d}y = \dfrac{\partial(\rho uv)}{\partial y}\mathrm{d}x\mathrm{d}y\mathrm{d}z \\[3mm]
\dfrac{\partial}{\partial z}(\rho u\omega\mathrm{d}x\mathrm{d}y)\mathrm{d}z = \dfrac{\partial(\rho u\omega)}{\partial z}\mathrm{d}x\mathrm{d}y\mathrm{d}z
\end{cases}
\quad (2-10)
$$

若微元控制体中流体质量发生变化，则单位时间内流体沿 X 轴方向的动量随时间的变化可表达为式（2-11）。

$$
\frac{\partial}{\partial \tau}(\rho u\mathrm{d}x\mathrm{d}y\mathrm{d}z) = \frac{\partial(\rho u)}{\partial \tau}\mathrm{d}x\mathrm{d}y\mathrm{d}z
\quad (2-11)
$$

由此可得，单位时间控制体中流体在 X 轴方向动量变化总和可表达为式（2-12）。

$$
\frac{\partial}{\partial \tau}(\rho u)+\frac{\partial}{\partial x}(\rho u^2)+\frac{\partial}{\partial y}(\rho uv)+\frac{\partial}{\partial z}(\rho u\omega) = \rho\left(\frac{\partial u}{\partial \tau}+u\frac{\partial u}{\partial x}+v\frac{\partial u}{\partial y}+\omega\frac{\partial u}{\partial z}\right)
$$

$$
(2-12)
$$

当潜水电机内流体流动时，其内部流体中的微元控制体同时受体积力、总压力和黏性力的作用，这些力在 X 轴方向产生的分力可表达为（2-13）。

$$
F_x = f_x\mathrm{d}x\mathrm{d}y\mathrm{d}z
\quad (2-13)
$$

式（2-13）中，F_x——体积力；

　　　　　　f_x——单位体积力在 X 轴方向的分力。

作用在控制体 y、z 表面上的压力可表达为式（2-14）。

$$
P = p\mathrm{d}y\mathrm{d}z
\quad (2-14)
$$

作用在距此表面 $\mathrm{d}x$ 处的相等面积上的压力可表达为式（2-15）。

$$
F = -\left(p+\frac{\partial p}{\partial x}\mathrm{d}x\right)\mathrm{d}y\mathrm{d}z
\quad (2-15)
$$

作用于六面微元控制体总压力可表达为式（2-16）。

$$
p\mathrm{d}y\mathrm{d}z - \left(p+\frac{\partial p}{\partial x}\mathrm{d}x\right)\mathrm{d}y\mathrm{d}z = -\frac{\partial p}{\partial x}\mathrm{d}x\mathrm{d}y\mathrm{d}z
\quad (2-16)
$$

　　黏性流体流动时必然会产生黏性力，根据牛顿内摩擦定律可得黏性力在 X 轴方向的投影，可表达为式（2-17）。

$$\mu\left(\frac{\partial^2 u}{\partial x^2} + \frac{\partial^2 u}{\partial y^2} + \frac{\partial^2 u}{\partial z^2}\right)\mathrm{d}x\mathrm{d}y\mathrm{d}z \qquad (2-17)$$

　　由动量守恒定律可得 X 轴方向的动量微分方程（2-18）。

$$\rho\left(\frac{\partial u}{\partial \tau} + u\frac{\partial u}{\partial x} + v\frac{\partial u}{\partial y} + \omega\frac{\partial u}{\partial z}\right) = f_x - \frac{\partial p}{\partial x} + \mu\left(\frac{\partial^2 u}{\partial x^2} + \frac{\partial^2 u}{\partial y^2} + \frac{\partial^2 u}{\partial z^2}\right)$$

$$(2-18)$$

　　同理可得 Y 轴、Z 轴方向的动量微分方程式（2-19）、式（2-20）：

$$\rho\left(\frac{\partial v}{\partial \tau} + u\frac{\partial v}{\partial x} + v\frac{\partial v}{\partial y} + \omega\frac{\partial v}{\partial z}\right) = f_y - \frac{\partial p}{\partial y} + \mu\left(\frac{\partial^2 v}{\partial x^2} + \frac{\partial^2 v}{\partial y^2} + \frac{\partial^2 v}{\partial z^2}\right)$$

$$(2-19)$$

$$\rho\left(\frac{\partial \omega}{\partial \tau} + u\frac{\partial \omega}{\partial x} + v\frac{\partial \omega}{\partial y} + \omega\frac{\partial \omega}{\partial z}\right) = f_z - \frac{\partial p}{\partial z} + \mu\left(\frac{\partial^2 \omega}{\partial x^2} + \frac{\partial^2 \omega}{\partial y^2} + \frac{\partial^2 \omega}{\partial z^2}\right)$$

$$(2-20)$$

　　针对处于稳定流动的流体，流体的流速不随时间变化，即

$$\frac{\partial u}{\partial \tau} = \frac{\partial v}{\partial \tau} = \frac{\partial \omega}{\partial \tau} = 0 \qquad (2-21)$$

　　则式（2-18）、式（2-19）、式（2-20）可变换为式（2-22）。

$$\begin{cases} u\dfrac{\partial u}{\partial x} + v\dfrac{\partial u}{\partial y} + \omega\dfrac{\partial u}{\partial z} = f_x - \dfrac{1}{\rho}\dfrac{\partial p}{\partial x} + v\left(\dfrac{\partial^2 u}{\partial x^2} + \dfrac{\partial^2 u}{\partial y^2} + \dfrac{\partial^2 u}{\partial z^2}\right) \\[3mm] u\dfrac{\partial v}{\partial x} + v\dfrac{\partial v}{\partial y} + \omega\dfrac{\partial v}{\partial z} = f_y - \dfrac{1}{\rho}\dfrac{\partial p}{\partial y} + v\left(\dfrac{\partial^2 v}{\partial x^2} + \dfrac{\partial^2 v}{\partial y^2} + \dfrac{\partial^2 v}{\partial z^2}\right) \\[3mm] u\dfrac{\partial \omega}{\partial x} + v\dfrac{\partial \omega}{\partial y} + \omega\dfrac{\partial \omega}{\partial z} = f_z - \dfrac{1}{\rho}\dfrac{\partial p}{\partial z} + v\left(\dfrac{\partial^2 \omega}{\partial x^2} + \dfrac{\partial^2 \omega}{\partial y^2} + \dfrac{\partial^2 \omega}{\partial z^2}\right) \end{cases}$$

$$(2-22)$$

　　式（2-22）即为流体的运动方程（N-S方程），又称为流体动量微分方程，是动量守恒定律在流体中的体现。N-S方程能较好地反映黏性流体的流动状况，理论上，一切针对黏性流体流动特性研究均可归结为对此方程的研究，但由于此方程过于复杂，很难求得精确解，故需要借助数值计算的方法进行研究。

2.4.3 能量微分方程

当流体流经与流体有一定温度差的物体时，必然会发生热交换，流体发生热交换时必然满足能量守恒定律，流体流动的能量守恒定律可表述为：微元控制体中的能量增量等于流入净热量与各力对微元控制体做功之和。根据傅立叶定律，流入微元控制体的热量可表达为式（2-23）。

$$
\begin{cases}
Q_x = -\lambda\,\dfrac{\partial t}{\partial x}\mathrm{d}y\mathrm{d}z\mathrm{d}\tau \\[2mm]
Q_y = -\lambda\,\dfrac{\partial t}{\partial y}\mathrm{d}x\mathrm{d}z\mathrm{d}\tau \\[2mm]
Q_z = -\lambda\,\dfrac{\partial t}{\partial z}\mathrm{d}x\mathrm{d}y\mathrm{d}\tau
\end{cases}
\tag{2-23}
$$

同理，流出微元控制体的热量可表达为式（2-24）。

$$
\begin{cases}
Q_{x+\mathrm{d}x} = -\lambda\,\dfrac{\partial}{\partial x}\left(t+\dfrac{\partial t}{\partial x}\mathrm{d}x\right)\mathrm{d}y\mathrm{d}z\mathrm{d}\tau \\[2mm]
Q_{y+\mathrm{d}y} = -\lambda\,\dfrac{\partial}{\partial y}\left(t+\dfrac{\partial t}{\partial y}\mathrm{d}y\right)\mathrm{d}x\mathrm{d}z\mathrm{d}\tau \\[2mm]
Q_{z+\mathrm{d}z} = -\lambda\,\dfrac{\partial}{\partial z}\left(t+\dfrac{\partial t}{\partial z}\mathrm{d}z\right)\mathrm{d}x\mathrm{d}y\mathrm{d}\tau
\end{cases}
\tag{2-24}
$$

由式（2-23）和式（2-24）可得流入微元控制体的净热量，表达为式（2-25）。

$$
Q_\lambda = \lambda\left(\dfrac{\partial^2 t}{\partial x^2}+\dfrac{\partial^2 t}{\partial y^2}+\dfrac{\partial^2 t}{\partial z^2}\right)\mathrm{d}x\mathrm{d}y\mathrm{d}z\mathrm{d}\tau
\tag{2-25}
$$

在一段时间 $\mathrm{d}\tau$ 内，由对流传热流入微元控制体的热量可用方程组（2-26）表达。

$$
\begin{cases}
Q_{c,x} = t\rho c_p u\,\mathrm{d}y\mathrm{d}z\mathrm{d}\tau \\[2mm]
Q_{c,y} = t\rho c_p v\,\mathrm{d}x\mathrm{d}z\mathrm{d}\tau \\[2mm]
Q_{c,z} = t\rho c_p w\,\mathrm{d}x\mathrm{d}y\mathrm{d}\tau
\end{cases}
\tag{2-26}
$$

式（2-26）中，t——流体温度，℃；

ρ——流体密度，$\mathrm{kg/m^3}$；

u、v、w——流体沿 X 轴、Y 轴、Z 轴方向的速度分量，$\mathrm{m/s}$；

c_p——流体的定压热容，$\mathrm{J/(kg \cdot ℃)}$。

由于本书研究的潜水电机内部的冷却水为不可压缩流体，流体不存在因体积变化而产生的功，因此，定压比热容与定容比热容可视作相同。

同理，在一段时间 $d\tau$ 内，由对流传热沿 X 轴、Y 轴、Z 轴流入微元控制体的热量可表达为方程组（2-27）。

$$\begin{cases} Q_{c,x+dx} = \left(t + \frac{\partial t}{\partial x}d_x\right)\rho c_p\left(u + \frac{\partial u}{\partial x}d_x\right)dydzd\tau \\[2mm] Q_{c,y+dy} = \left(t + \frac{\partial t}{\partial y}d_y\right)\rho c_p\left(v + \frac{\partial v}{\partial y}d_y\right)dxdzd\tau \quad (2-27) \\[2mm] Q_{c,z+dz} = \left(t + \frac{\partial t}{\partial z}d_z\right)\rho c_p\left(w + \frac{\partial w}{\partial z}d_z\right)dxdyd\tau \end{cases}$$

由式（2-26）和式（2-27）可得 $d\tau$ 时间内微元控制体由流体对流换热而增加的热量：

$$Q_c = -\rho c_p\left(u\frac{\partial t}{\partial x} + v\frac{\partial t}{\partial y} + w\frac{\partial t}{\partial z}\right)dxdydzd\tau \quad (2-28)$$

在 $d\tau$ 时间内，微元控制体中由温度变化而产生的焓的变化可表述为：

$$\Delta H = \rho c_p dxdydz\frac{\partial t}{\partial \tau}d\tau \quad (2-29)$$

由式（2-27）、式（2-28）、式（2-29）可得潜水电机内流体对流换热的能量微分方程（2-30）。

$$\frac{\partial t}{\partial \tau} + u\frac{\partial t}{\partial x} + v\frac{\partial t}{\partial y} + w\frac{\partial t}{\partial z} = \frac{\lambda}{\rho c_p}\left(\frac{\partial^2 t}{\partial x^2} + \frac{\partial^2 t}{\partial y^2} + \frac{\partial^2 t}{\partial z^2}\right)$$

$$(2-30)$$

式（2-30）称为流体的能量方程，是能量守恒定律在流体流动中的体现。将流体的连续方程、动量方程和能量方程联立，可以确定任一瞬间运动流体在空间的流动状态和温度分布，针对稳态换热过程，流体温度不随时间发生变化，此时式（2-30）可表达为式（2-31）。

$$u\frac{\partial t}{\partial x} + v\frac{\partial t}{\partial y} + w\frac{\partial t}{\partial z} = \alpha\left(\frac{\partial^2 t}{\partial x^2} + \frac{\partial^2 t}{\partial y^2} + \frac{\partial^2 t}{\partial z^2}\right) \quad (2-31)$$

当流体处于静止状态时，即各向速度均为 0，式（2-31）转变为导热微分方程式可表达为式（2-32）。

$$\frac{\partial^2 t}{\partial x^2} + \frac{\partial^2 t}{\partial y^2} + \frac{\partial^2 t}{\partial z^2} = 0 \quad (2-32)$$

由式（2-31）和式（2-32）可以看出，运动流体的温度场主要取决于流体的速度分布，也就是说流体的温度场与其速度场密切相关。当流体处于静态时，能量方程可以转变为导热微分方程。

分析表明，对流换热过程不仅伴随有导热过程，还与流体动力学密切相关。本书研究的潜水电机内部结构复杂，内部流体流动状态也相对复杂，因此，需要建立潜水电机内部的对流换热过程的数学描述微分方程组，本节利用质量守恒、动量守恒和能量守恒等基本定律来导出潜水电机内部对流换热的相关方程，建立了充水式潜水电机内流体流动的连续微分方程、能量微分方程、动量微分方程，为研究充水式潜水电机内流体流动特性和温升特性奠定基础。

2.4.4 流体紊流计算模型

（1）标准 k-ε 模型

标准 k-ε 模型是最简单的紊流计算模型。标准 k-ε 模型湍动黏度的计算式中包括湍动能 k 和湍动耗散率 ε，其中 k 和 ε 可分别表达为式（2-33）和式（2-34）：

$$k = \frac{1}{2}(\overline{u'^2} + \overline{v'^2} + \overline{w'^2})$$ （2-33）

$$\varepsilon = \frac{\mu}{\rho} \overline{\left(\frac{\partial u_i'}{\partial x_k} \frac{\partial u_i'}{\partial x_k}\right)}$$ （2-34）

湍动黏度可表达为式（2-35）。

$$\mu_t = \rho C_\mu \frac{k^2}{\varepsilon}$$ （2-35）

式（2-35）中，C_μ——经验系数。

针对不可压缩连续流体，标准 k-ε 模型方程可表达为式（2-36）和式（2-37）。

$$\frac{\partial(\rho_k)}{\partial t} + \frac{\partial(\rho_k u_i)}{\partial x_i} = \frac{\partial}{\partial x_j}\left[\left(\mu + \frac{\mu_t}{\sigma_k}\right)\frac{\partial k}{\partial x_j}\right] + G_k - \rho\varepsilon$$ （2-36）

$$\frac{\partial(\rho_\varepsilon)}{\partial t} + \frac{\partial(\rho_\varepsilon u_i)}{\partial x_i} = \frac{\partial}{\partial x_j}\left[\left(\mu + \frac{\mu_t}{\sigma_\varepsilon}\right)\frac{\partial \varepsilon}{\partial x_j}\right] + C_{1\varepsilon}\frac{\varepsilon}{k}G_k - C_{2\varepsilon}\rho\frac{\varepsilon^2}{k}$$

（2-37）

式（2-36）、式（2-37）中，$G_k = \mu_t \left(\dfrac{\partial u_i}{\partial x_j} + \dfrac{\partial u_j}{\partial x_i} \right) \dfrac{\partial u_j}{\partial x_i}$，即湍动能 k 的产生项；

$$C_{1\varepsilon}、C_{2\varepsilon}——经验系数；$$

$$\sigma_k、\sigma_\varepsilon——与 k 和 \varepsilon 对应的 Prandtl 数；$$

$$S_k、S_\varepsilon——自定义的源项。$$

标准 k-ε 模型与零方程模型、一方程模型相比精确度有了明显的改善，在理论研究和水利工程中得到成功的运用，但是对于旋转流动和壁面弯曲时的流动的精确性较差，因此，学者对标准 k-ε 模型进行了改进，得到了一种新的湍流模型，即 RNG k-ε 模型。

（2）RNG k-ε 模型

RNG k-ε 模型在标准 k-ε 模型的基础上，通过修正 ε 方程并考虑近壁面流体流动状态和湍流漩涡，有效地改善了模型的精确度，该模型对离心力较大旋转流动等弯曲流线的流动有较好的适用性，模型方程可表达为式（2-38）和式（2-39）。

$$\frac{\partial}{\partial t}(\rho k) + \frac{\partial}{\partial x_i}(\rho u_i k) = \frac{\partial}{\partial x_j}\left(\alpha_k \mu_{eff} \frac{\partial k}{\partial x_j} \right) + G_k + \rho\varepsilon \quad (2-38)$$

$$\frac{\partial}{\partial t}(\rho\varepsilon) + \frac{\partial}{\partial x_i}(\rho u_i \varepsilon) = \frac{\partial}{\partial x_j}\left(\alpha_\varepsilon \mu_{eff} \frac{\partial \varepsilon}{\partial x_j} \right) + \frac{C_{1\varepsilon}^{*}\varepsilon}{k}G_k - C_{2\varepsilon}\rho \frac{\varepsilon^2}{k}$$

$$(2-39)$$

式（2-39）中，$\mu_{eff} = \mu + \mu_t$；

$$\alpha_k、\alpha_\varepsilon——常数；$$

$$C_{1\varepsilon}^{*}、C_{2\varepsilon}——修正系数。$$

由于实际工程中很多流动的流线是弯曲的，需考虑近壁面流体流动状态的影响，因此，RNG k-ε 模型在实际工程应用较多。

（3）Realizable k-ε 模型

Realizable k-ε 模型中，关于 k 和 ε 的输运方程如下：

$$\frac{\partial(\rho_k)}{\partial t} + \frac{\partial(\rho_k u_i)}{\partial x_i} = \frac{\partial}{\partial x_j}\left[\left(\mu + \frac{\mu_l}{\sigma_k} \right) \frac{\partial k}{\partial x_j} \right] + G_k - \rho\varepsilon \quad (2-40)$$

$$\frac{\partial(\rho_\varepsilon)}{\partial t} + \frac{\partial(\rho_\varepsilon u_i)}{\partial x_i} = \frac{\partial}{\partial x_j}\left[\left(\mu + \frac{\mu_l}{\sigma_\varepsilon} \right) \frac{\partial \varepsilon}{\partial x_j} \right] + \rho C_1 E\varepsilon - \rho C_2 \frac{\varepsilon^2}{\varepsilon + \sqrt{v\varepsilon}}$$

$$(2-41)$$

式（2-41）中，C_1、C_2——常数。

Realizable $k\text{-}\varepsilon$ 模型具有广泛的应用范围，可用于包括旋转均匀剪切流、管道内流动、圆环内流动及边界层流动等流动类型，具有较好的模拟效果。

2.5 控制方程的离散

2.5.1 控制方程离散方法

对于微分形式的控制方程，由于其非线性特点，很难靠解析法求得其精确解，常需采用数值分析方法，数值分析法的基本思想是将计算空间区域离散化处理，划分为大量子区域，每个子区域存在一个节点，并生成网格，最后在网格节点上对流体控制方程离散处理，得出相应代数方程，进行计算。

目前微分方程常用的离散方法主要包括有限体积法、有限单元法和有限差分法。有限差分法多用于一维和二维条件，有限单元法多用于计算固体力学，在计算流体力学中常用的离散方法是有限体积法，此方法也是目前主流商用软件（如 FLUENT 流体分析软件）采用的方法，其步骤如下：首先将流动区域划分为网格，每个网格点位于互不重叠的控制体积中，然后把流体控制方程在控制体积上边界上进行积分，将流体的控制方程转换成相应的离散方程，然后对离散方程进行求解。

2.5.2 SIMPLE 算法

SIMPLE 算法为一种求解压力耦合方程组的半隐式算法，是基于压力预测后进行压力修正的计算方法，是目前商用软件中应用最多的一种流体计算方法，通过迭代对计算结果进行反复的修正，进而达到求解 N-S 方程的目的，根据残差判断收敛情况，最终求出流体速度和压力的收敛解。SIMPLE 算法的目的是得到其流体速度流场，通过对与上次迭代得出的结果求解离散形式的动量方程。由于刚开始假定的压力场是不准确的，速度流场不能满足连续方程。故对压力场进行修正，根据修正后的压力场，求得新的速度场，修正时所依赖的原则是在满足这一迭代步骤上的连续方程，通过压力场的不断修正，直至速度场达到收敛要求，即可获取精确的收敛解。

2.5.3 离散方程的通用表达

在进行流体数值计算时不管使用何离散方法，也无论使用何种算法，目的是得到流体的离散方程组。采用有限体积法对流体进行离散后，所得到的离散方程组均具有相同形式，可表达为式（2-42）。

$$a_p\phi_p + \sum_{nb}a_{nb}\phi_{nb} = b_p \qquad (2-42)$$

式（2-42）中，ϕ_p——控制微元体上的待求物理量；

a_p——ϕ_p 的非稳态项系数矩阵；

a_{nb}——ϕ_p 的产生项和扩散项的合成系数矩阵；

b_p——ϕ_p 的源项系数矩阵。

在建立流体控制方程及其离散方程组的基础上，采用数值迭代法对所建立的离散方程组进行获得流体速度场和流体压力场的分布。基于有限体积流的计算流体力学（CFD）是流体流动特性仿真的有效手段，FLUENT 软件是基于 CFD 的一款成熟商业软件，提供了强大的建模、网格划分和多种湍流模型算法，在各类流体仿真领域应用广泛。其求解流程如图 2-13 所示。

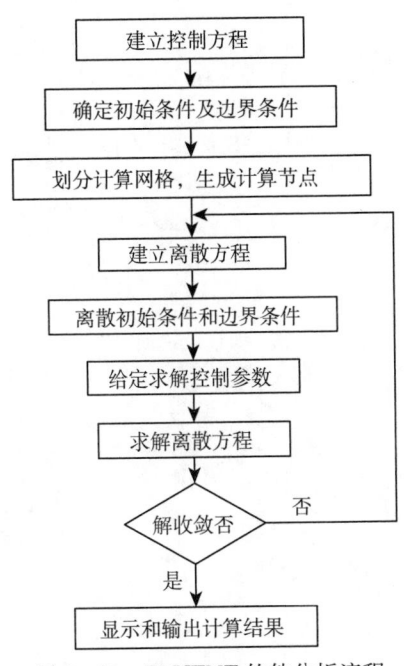

图 2-13 FLUENT 软件分析流程

2.6   本章小结

本章介绍了深井救灾排水系统充水式潜水电机的结构设计的特点，尤其重点介绍了设计的充水式潜水电机内外水双循环冷却系统。在分析充水潜水电机内部流体流动特点的基础上，利用流体质量守恒、动量守恒和能量守恒定律建立了充水式潜水电机内部流体流动的连续微分方程、动量微分方程、能量微分方程等流体控制方程，分析了流体紊流计算模型和流体流动特性的数值计算方法和流体控制方程的离散方法，并概述了 CFD 仿真计算流程，为深入研究充水式潜水电机内流体流动特性和温升特性奠定了基础。

3 深井充水式潜水电机内流体流动特性研究

3.1 引言

　　深井救灾排水系统潜水电机为充水式结构，充水式潜水电机转子在冷却水中高速旋转，流体在电机定转子气隙中流动状态复杂，气隙流体的流动特性不仅直接影响潜水电机的散热效果，还影响转子的水摩擦损耗，因此，有必要对潜水电机气隙内流体的流动特性和内部流场进行深入研究，得出不同参数对电机内流体流动的影响规律，为潜水电机冷却结构的设计和优化提供指导，也为潜水电机转子水摩擦损耗和对流换热系数的计算提供了依据。

　　本章以 3 200kW 深井充水式潜水电机为研究对象，根据电机的实际结构和尺寸，利用 SolidWorks 三维软件建立了潜水电机的三维实体模型，利用 GAMBIT 软件建立了潜水电机定、转子气隙流体的三维网格结构模型，借助 ANSYS Fluent 流场分析软件分别研究了定转子气隙高度、气隙进口流体速度、转子转速、转子表面粗糙度和环境围压等 5 个不同参数对充水式潜水电机气隙流体流动特性的影响，得出了一些有益结论。本章分析流程如图 3-1 所示。

3.2 三维实体模型的建立

3.2.1 潜水电机整体模型的建立

　　大功率充水式潜水电机是深井救灾排水系统的核心装备，在工程应用中

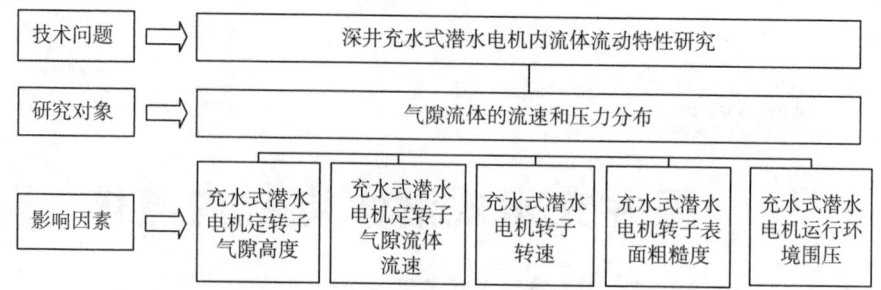

图 3-1　本章分析流程

应综合考虑矿井的建设情况、矿井深度、最大涌水量等因素，选择合适的潜水电机和潜水泵。本书以 3 200kW 充水式潜水电机作为研究对象，此种深井充水式潜水电机在我国数个深井救灾排水工程中发挥了巨大作用，具有一定代表性。其详细参数如表 3-1 所示。

表 3-1　3 200kW 充水式潜水电机参数

潜水电泵	参数	参数值
潜水电机	额定功率	3 200kW
	额定电压	10kV
	定子内径	423mm
	转子外径	417mm
	配套循环泵轮	流量 40m³/h，扬程 10m，泵轮后盖板带泄流孔
	气隙高度	3mm
	设计温升	环境温度 40℃时，温升不超过 40℃
	定子冲片	DW470
	转子冲片	DW470
	转子长度	1 710mm

根据上述 3 200kW 充水式潜水电机的实际尺寸，利用 SolidWorks 软件建立了三维装配体模型及其爆炸图，如图 3-2 所示。

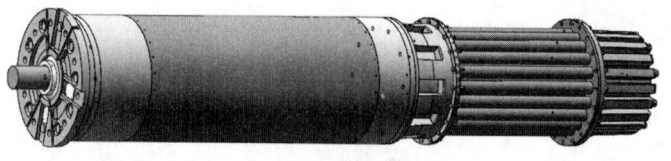

（a）装配图

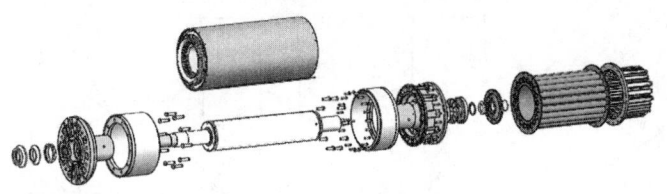

（b）爆炸图

图 3-2　深井充水式潜水电机三维实体模型

3.2.2　气隙流体网格模型建立

本书利用 Fluent 软件对 3 200kW 充水式潜水电机气隙流体流动特性进行分析，采用 Fluent 软件进行流体流动特性分析时，网格划分尤为重要，流体网格是 CFD 模型的几何表达形式，也是进行流体数值模拟的载体，网格的质量直接关系到数值计算结果的精确性。常用网格划分方法有两种，一种是在 ANSYS Fluent 软件中导入已建立的三维模型，利用 ANSYS 软件中自带网格划分工具自动划分网格，此种网格划分方法简单易用，但对复杂流体模型或对网格结构化边界层要求高的模型具有一定局限性，生成网格速度慢，计算精度低；另一种是利用专用的前处理软件建立网格模型，如本章建立流体结构化网格所用的 GAMBIT 软件，GAMBIT 软件的主要功能有：建立几何模型、精细化网格划分和设置边界条件，GAMBIT 软件为用户提供了多种网格单元，针对 2D 分析模型有三角形网格和四边形网格单元，如图 3-3 所示。针对 3D 分析模型提供有四面体、六面体、五面体（棱形）和五面体（金字塔形）网格单元，如图 3-4 所示。

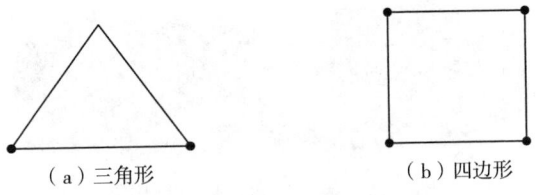

（a）三角形　　　　　　　　　　　　（b）四边形

图 3-3　GAMBIT 中常用二维网格单元

本书研究的充水式潜水电机内气隙流体属环状结构，气隙高度相比电机整体尺寸较小，采用直接生成网格的方法不易控制边界层网格的质量，因

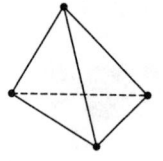 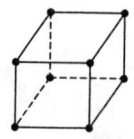 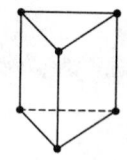 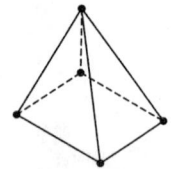

（a）四面体　　　（b）六面体　　　（c）五面体（棱锥）　　（d）五面体（金字塔）

图 3-4　GAMBIT 中常用三维网格单元

此，为控制网格质量，本书采用 GAMBIT 软件对潜水电机气隙流体进行建模和网格划分，网格划分采用 GAMBIT 软件中提供的六面体结构。网格划分步骤如下：

①建立模型。利用 GAMBIT 软件建立潜水电机气隙流体的几何模型，建立模型时忽略转子外表面与定子内表面的凸凹结构。

②网格划分。在软件提供的网格类型中选择六面体结构，控制网格密度，控制边界层网格质量，生成所需网格，此步为关键步骤，直接关系到网格质量。

③设定边界区域。在网格模型每个区域指定其所属边界类型并单独命名，命名时应采用英文，如速度进口边界（velocity inlet）、壁面边界（wall）、出口边界（outflow）等，方便模拟计算时边界条件的施行。

MKQ3 200 充水式潜水电机气隙流体模型如图 3-5 所示，网格划分效果如图 3-6 所示，共划分网格 709 389 个，产生节点 795 000 个，通过网格无关性检验，网格质量良好，可直接用于流体仿真分析。

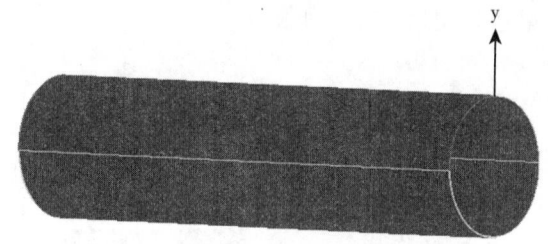

图 3-5　电机气隙流体三维模型

充水式潜水电机气隙流体模型为环形结构，满足对称条件，可采用对称边界条件对网格模型分割，采用 1/4 网格模型进行仿真，既能保证分析结果又可减少计算时间。

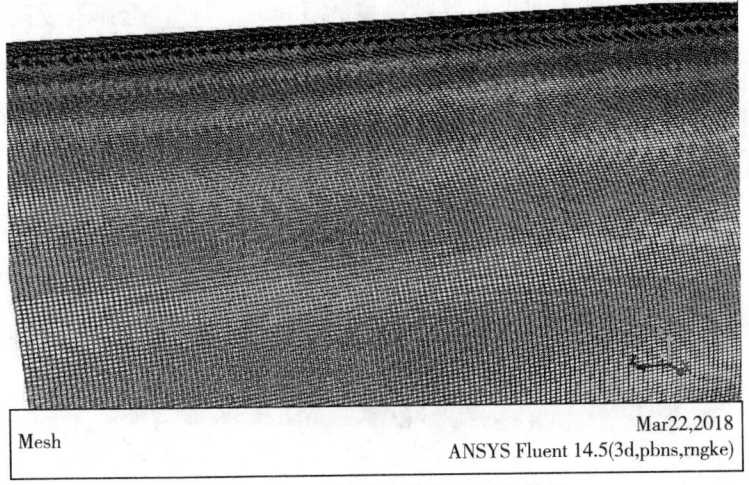

图 3-6 电机气隙流体网格划分效果

3.3 流体流动特性仿真分析

深井充水式潜水电机气隙内部流体流动状态及特性受多个因素影响，这些因素主要包括：气隙高度 d、气隙进口流体流速 v、转子转速 n、转子表面粗糙度 ra、围压 p。本章进行分析时，每次以 5 个因素中的 1 个作为变量，其他因素保持不变，分别研究 5 个影响因素对电机气隙流体流动特性的影响。

在利用 FLUENT 软件进行流体仿真前，做如下合理假设：

（1）冷却水进入电机定、转子气隙时沿电机轴向进入。

（2）设定气隙进口边界为速度边界，出口边界为压力边界，压力值与电机环境围压值相等。

（3）设定气隙与定、转子的交界面为运动边界，在转子交界面上设置转子转速和转子表面粗糙度等参量。

（4）气隙沿轴向的两个截面设定为对称边界。

3.3.1 气隙高度的影响

（1）分析方案

深井充水式潜水电机定、转子气隙高度多取 2～4mm，本书研究的

MKQ3 200 型充水式潜水电机气隙高度为 3mm，因此，选择气隙高度值为 2.5mm、3mm、3.5mm、4mm 进行分析较为合理，利用 GAMBIT 软件分别建立 1/4 电机气隙流体分析模型，将被切面设置为对称边界，模型如图 3-7 所示，此处只显示 4 种模型中的 1 种。

图 3-7　电机气隙流体 1/4 模型

在分析气隙高度 d 对电机内气隙流体流动影响时，取气隙进口流体流速 v 为定值 2m/s、转子转速 n 值取 1 500r/min（4 极异步电机同步转速）、转子表面粗糙度 ra 取定值 0.003 2、围压 p 取 1MPa。按上述条件设置仿真边界条件，进行仿真计算。

（2）仿真结果分析

①气隙高度对气隙流体流速分布的影响。图 3-8（a）、（b）、（c）、（d）中分别显示了电机气隙高度为 2.5mm、3mm、3.5mm、4mm 时的电机定、转子气隙中流体内部速度分布云图，由边界层理论可知，流体内边壁层流体流速等于转子转速，外边壁层流体处于静止状态，为观察气隙流体内部流动规律，云图中未显示内外壁速度，仅选择显示了流体内部速度云图。为更加

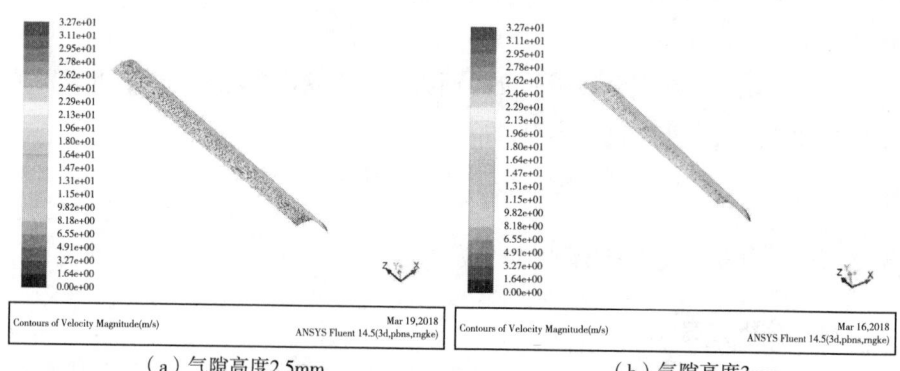

（a）气隙高度 2.5mm
（b）气隙高度 3mm

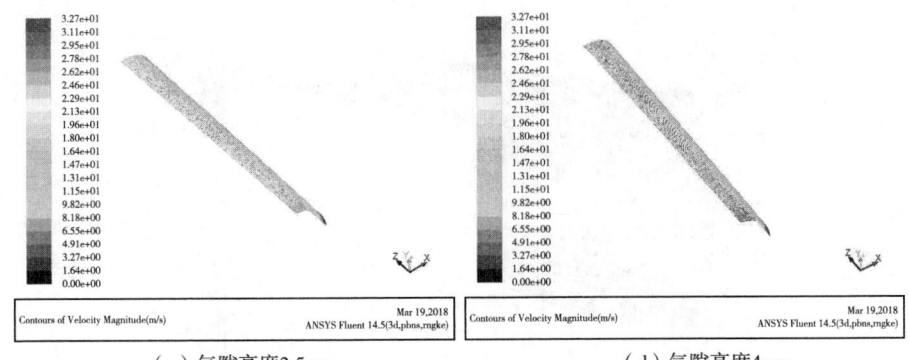

（c）气隙高度3.5mm　　　　　　　　　（d）气隙高度4mm

图3-8　气隙流体速度分布云图

直观地了解电机气隙流体流速分布受气隙高度的影响，在每个速度云图沿定子轴向（Z轴方向）合适位置取平行于XY面的截面，根据速度云图显示，气隙进口处速度变化快，取截面时间隔较小，气隙后端速度相对稳定，取截面时间隔较大。计算截面流体的平均速度，将所截面流体平均速度显示在二维、三维坐标系中，结果如图3-9所示。

　　分析图3-8和图3-9可得出以下结论：电机气隙内流体进入定、转子气隙后，流体速度在转子高速旋转的作用下迅速提升，随后达到相对稳定状态，速度最大处位于电机转子边壁处，最大速度值与电机转子转速相等，速度最小处位于电机定子内壁处，最小速度值为0，气隙中流体径向速度分布如图3-10所示。气隙高度2.5mm、3mm、3.5mm、4mm时对应的气隙流

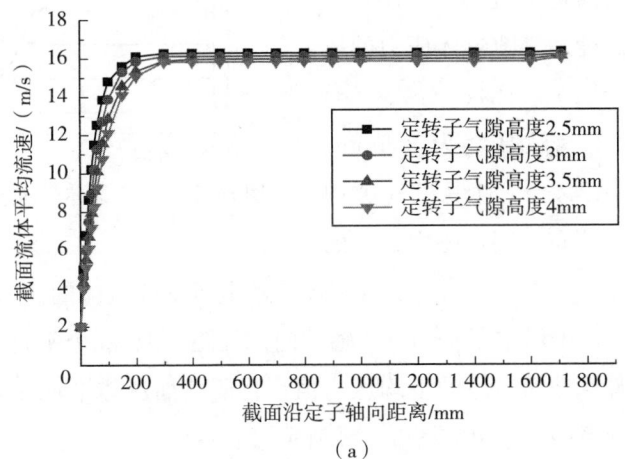

（a）

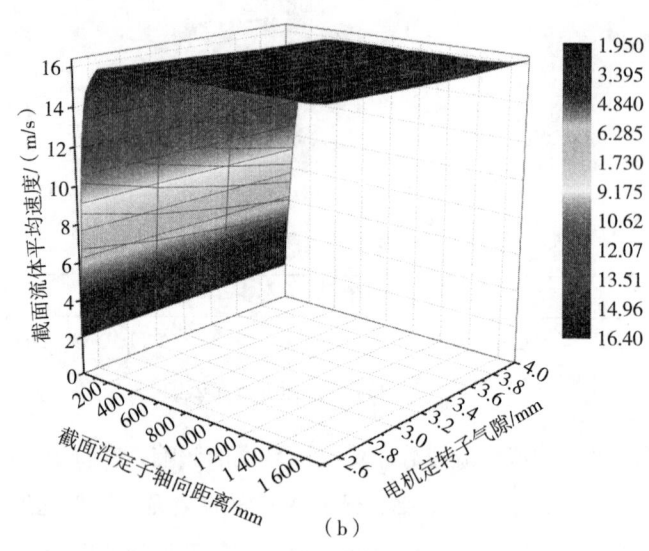

图 3-9　不同气隙高度时气隙流体平均速度分布

体稳定平均流速分别为 16.3m/s、16.13m/s、16m/s、15.89m/s，可见气隙流体流速的平均值随气隙高度的增加而减小，减小趋势如图 3-11 所示。从图 3-9（a）中可以看出气隙高度越小，流体进入气隙后速度提升越快，加速时间越短。

　　②气隙高度对气隙流体压力的影响。图 3-12（a）、（b）、（c）、（d）中分别显示了气隙高度为 2.5mm、3mm、3.5mm、4mm 时电机气隙中流体内部压力分布云图，图中显示的

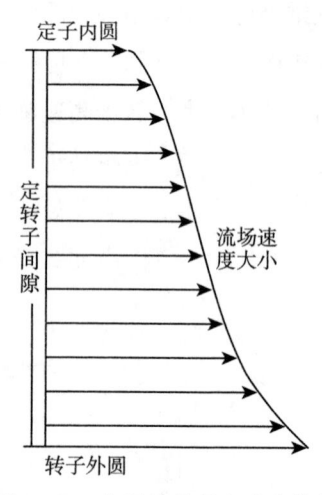

图 3-10　气隙流体径向速度分布

彩色条线为压力等高线。为更加直观地了解电机气隙流体的压力分布规律，在每个压力云图上沿定子轴向（Z 轴方向）等距离取 16 个平行于 XY 面的等距截面，计算截面流体的平均压力值，将所截面流体平均压力显示于二维、三维坐标系中，结果如图 3-13 所示。

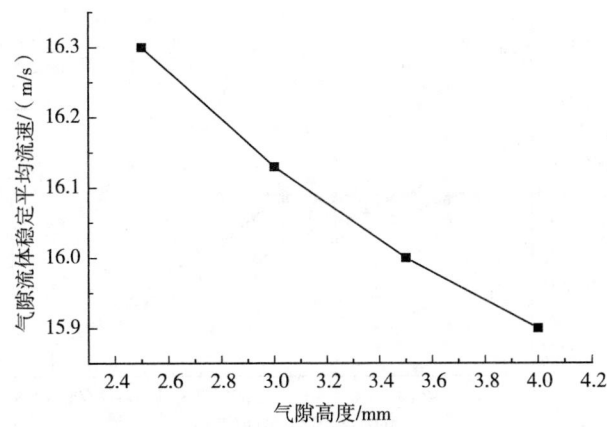

图 3-11　气隙流体稳定平均流速随气隙高度的变化趋势

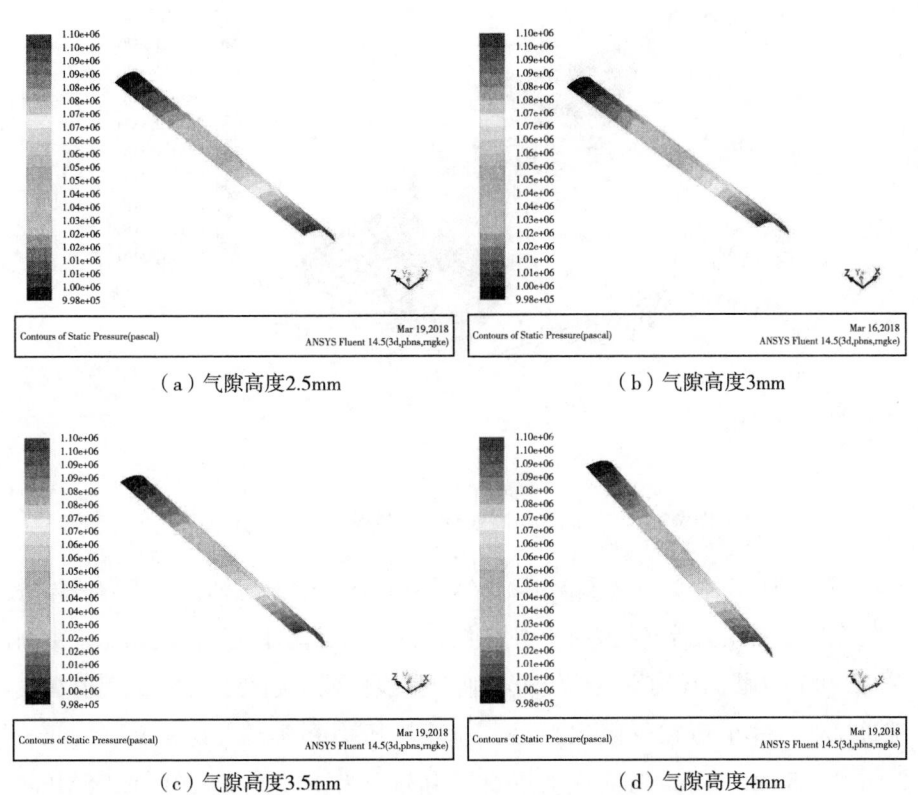

（a）气隙高度2.5mm　　　　　　　　　　　（b）气隙高度3mm

（c）气隙高度3.5mm　　　　　　　　　　　（d）气隙高度4mm

图 3-12　气隙流体压力分布云图

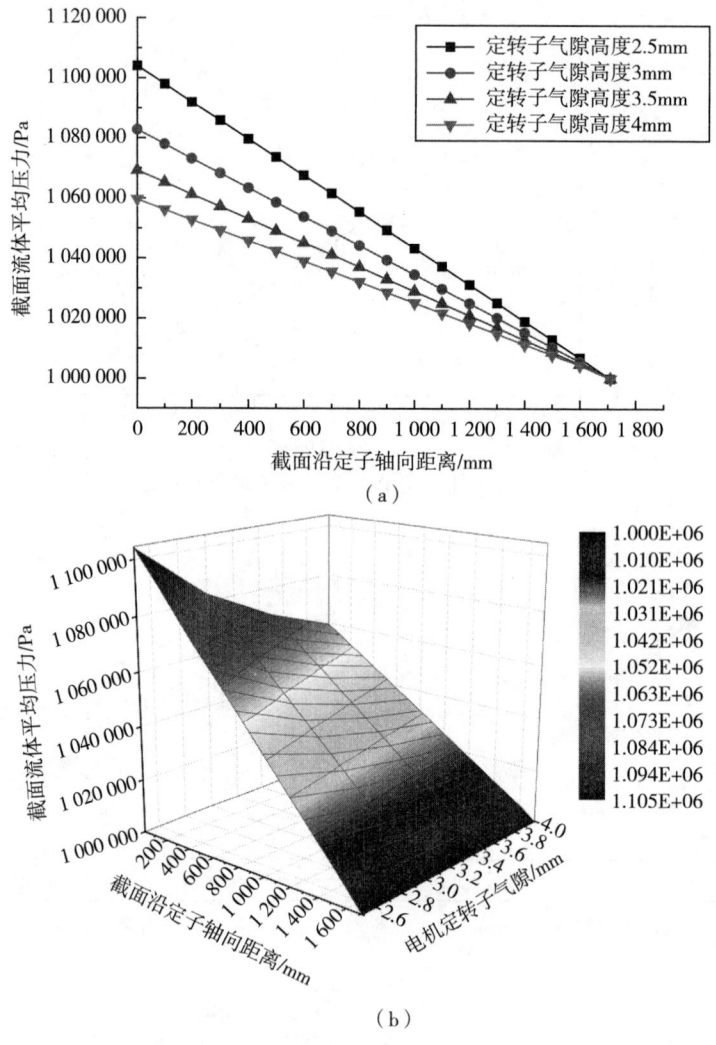

（a）

（b）

图 3-13　不同气隙高度时气隙流体平均压力分布

分析图 3-12 和图 3-13 可得出以下结论：由图 3-12 可知，电机内流体进入气隙后，其压力等高线为不规则曲线，说明内部流体处于湍流状态。由图 3-13 可知，截面压力平均值沿电机轴向呈线性减小趋势，压力最大值在气隙进口处，最小值在气隙出口处，与环境压力相等。气隙高度 2.5mm、3mm、3.5mm、4mm 时对应的进口压力分别为 1.104MPa、1.082 8MPa、1.069 3MPa，气隙出口压力等于电机外部环境围压，均为 1.0MPa，气隙流体进出口压力降分别为 0.104MPa、0.082 7MPa、

0.069 3MPa、0.059 6MPa，可见气隙流体进出口压力降随着气隙高度的增加而减小，减小趋势如图 3-14 所示。

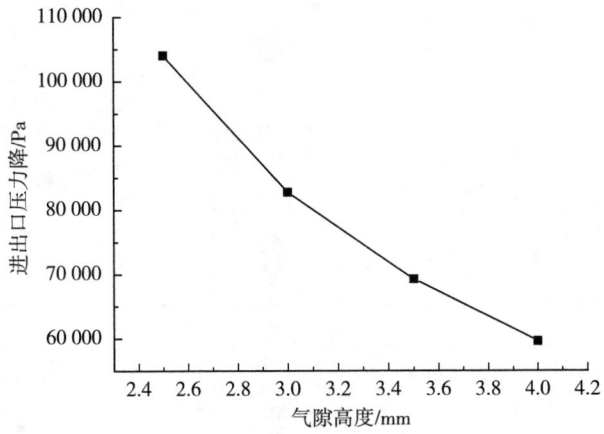

图 3-14　气隙流体进出口压力降随气隙高度的变化趋势

3.3.2　气隙进口流体流速的影响

（1）分析方案

根据充水式潜水电机内部流体流速的实际情况，选择气隙进口流体流速为 1m/s、2m/s、3m/s、4m/s 进行分析。在分析气隙进口流体流速对电机气隙流体流动影响时，气隙高度取 3mm、转子转速取 1 500r/min（4 极异步电机同步转速）、转子表面粗糙度取 0.003 2、围压 p 取 1MPa，利用 GAMBIT 软件建立 1/4 电机气隙流体分析模型，按照上述分析方案设置仿真边界条件，进行仿真计算。

（2）分析结果

①气隙进口流体流速对气隙流体流速的影响。图 3-15（a）、（b）、（c）、（d）中分别显示了气隙进口流体流速为 1m/s、2m/s、3m/s、4m/s 时电机气隙中流体内部速度分布云图，为观察气隙流体内部流动规律，云图中未显示内外壁速度，仅选择显示了流体内部速度云图。为更加直观地了解电机气隙流体流速分布受气隙进口流体流速的影响，在每个速度云图沿定子轴向（Z 轴方向）合适位置取平行于 XY 面的截面，根据速度云图显示，气隙进口处速度变化快，取截面间隔较小，气隙后端速度相对稳定，取截面间隔较

大。计算截面流体的平均速度，将所截面流体平均速度显示在二维、三维坐标系中，结果如图 3 - 16 所示。

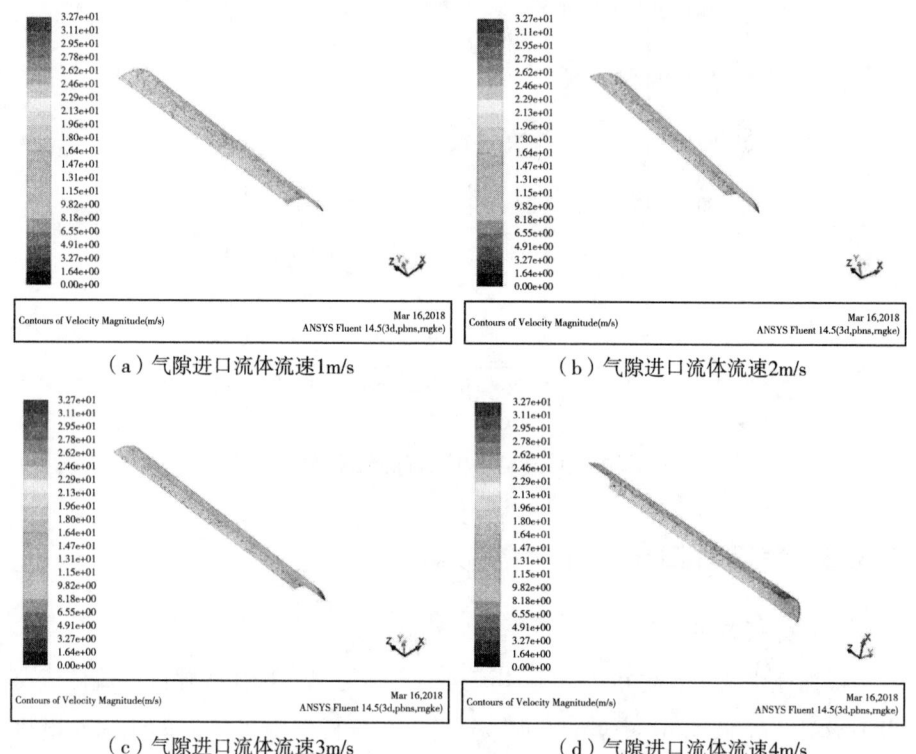

（a）气隙进口流体流速1m/s　　　　　　（b）气隙进口流体流速2m/s

（c）气隙进口流体流速3m/s　　　　　　（d）气隙进口流体流速4m/s

图 3 - 15　气隙进口流体速度分布云图

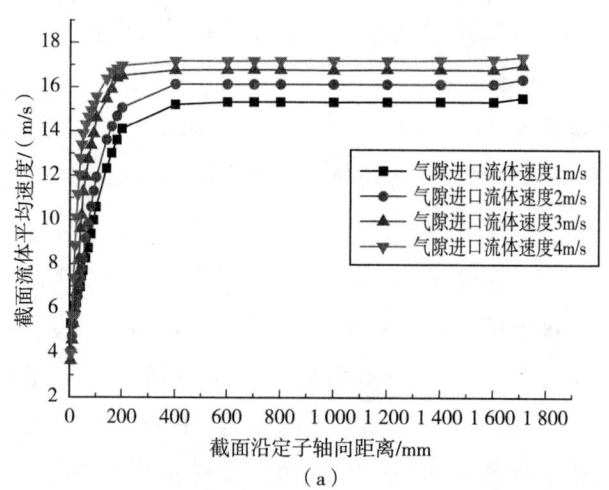

（a）

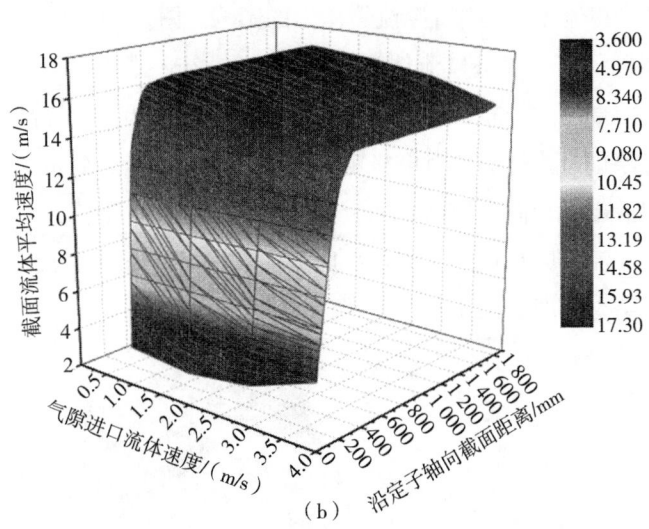

图3-16　不同进口速度时气隙流体平均速度分布

分析图3-15和图3-16可得出以下结论：电机内流体进入定、转子气隙后，流体速度在转子高速旋转的作用下迅速提升，随后达到相对稳定状态，速度最大处位于电机转子边壁处，最大速度值与电机转子转速相等，速度最小处位于电机定子内壁处，最小速度值为0。气隙进口流体流速为1m/s、2m/s、3m/s、4m/s时对应的气隙流体稳定平均流速分别为15.33m/s、16.13m/s、16.78m/s、17.19m/s，可见气隙流体流速的平均值随气隙进口流体流速的增大而增大，增长速度呈逐步减小趋势，如图3-17所示。

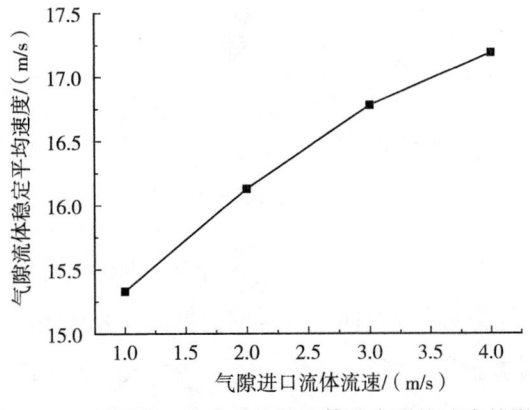

图3-17　不同进口流速对气隙流体稳定平均速度的影响

②气隙进口流体流速对气隙流体压力的影响。图3-18（a）、（b）、（c）、（d）中分别显示了气隙进口流体流速为1m/s、2m/s、3m/s、4m/s时电机气隙中流体内部压力分布云图，图中显示的彩色条带为压力等高线。为更直观地了解气隙进口流体流速对电机定、转子气隙流体压力分布的影响，在每个压力云图沿定子轴向（Z轴方向）等距离取16个平行于XY面的等距截面，计算截面流体的平均压力值，将所截面流体平均压力显示于二维、三维坐标系中，结果如图3-19所示。

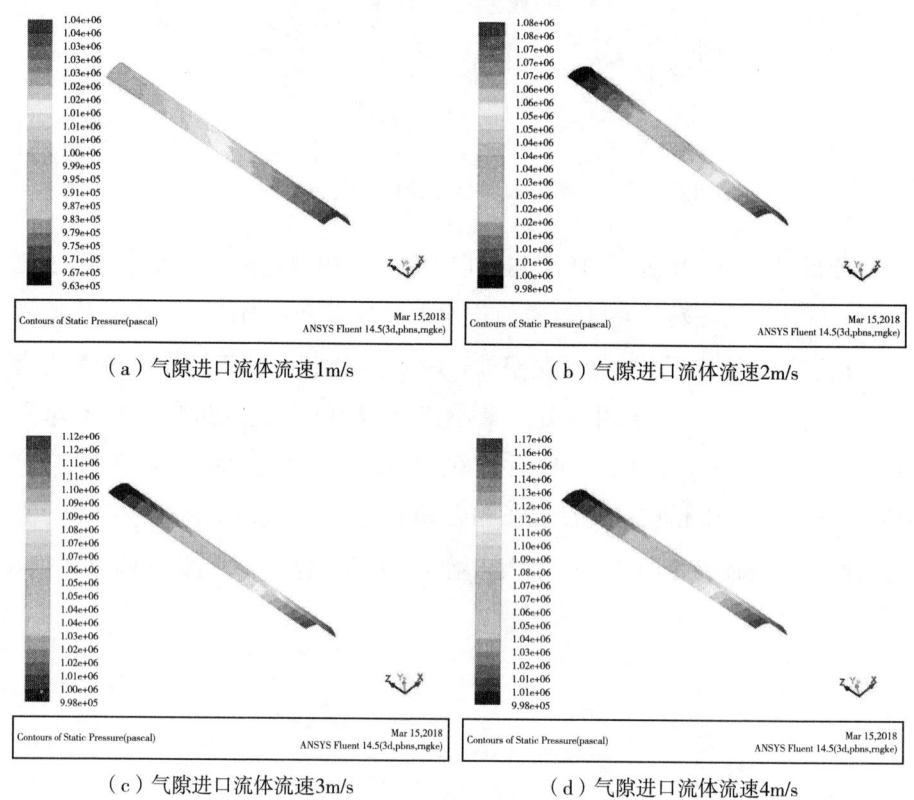

（a）气隙进口流体流速1m/s　　　　　（b）气隙进口流体流速2m/s

（c）气隙进口流体流速3m/s　　　　　（d）气隙进口流体流速4m/s

图3-18　气隙流体压力分布云图

分析图3-18和图3-19可得出如下结论：电机内流体进入定、转子气隙后，其压力等高线呈不规则曲线，说明内部流体处于湍流状态，沿电机轴Z向截面压力平均值呈线性减小趋势，压力最大值在气隙进口处，最小值在气隙出口处，与环境压力相等。进口流体速度为1m/s、2m/s、3m/s、

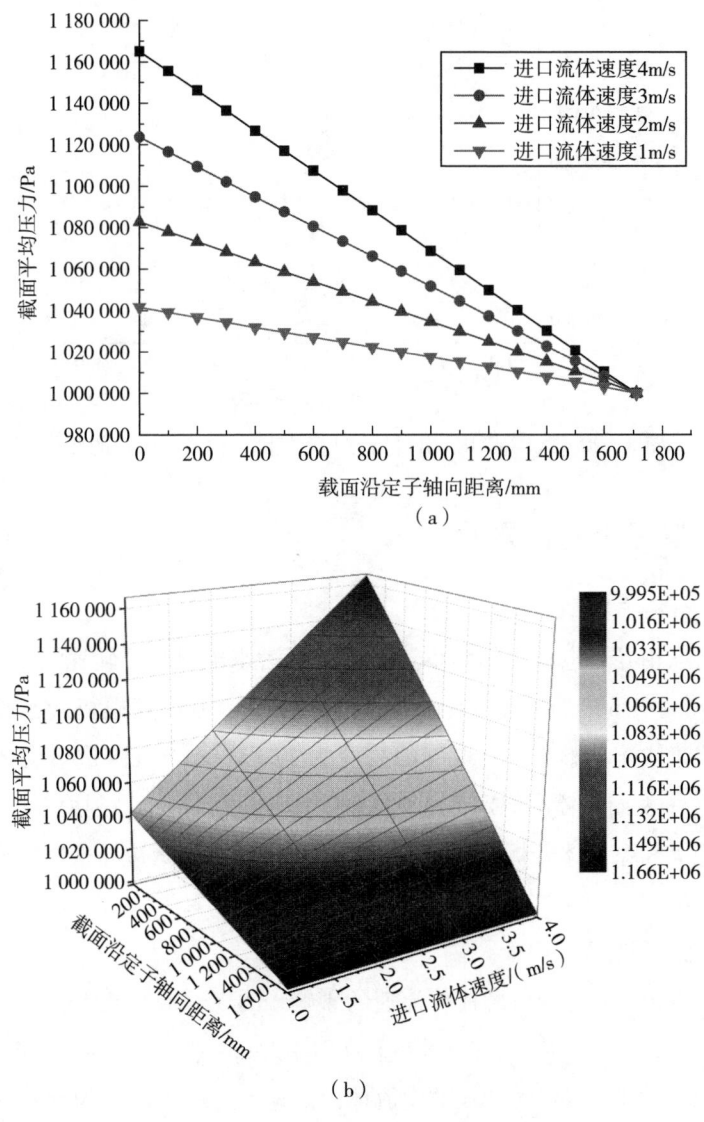

图 3-19 不同进口流速时气隙流体平均压力分布

4m/s时所对应的进口压力分别为 1.041 6MPa、1.082 8MPa、1.120 1MPa、1.151 2MPa，出口压力均为 1.0MPa，进出口压力降分别为 0.041 6MPa、0.082 8MPa、0.120 1MPa、0.151 2MPa，可见气隙流体进出口压力降随着气隙进口流体流速的增加呈线性增加，如图 3-20 所示。

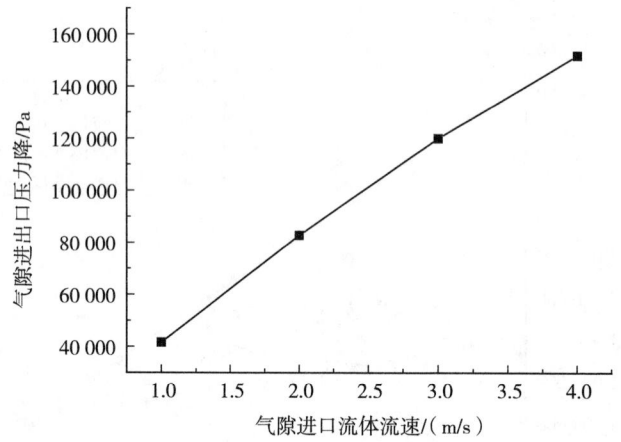

图 3-20　气隙流体进出口压力差随气隙进口流体流速的变化

3.3.3　转子转速的影响

(1) 分析方案

根据三相异步电动机的同步转速，选择潜水电机转子转速为 750r/min、1 000r/min、1 500r/min、3 000r/min 进行分析。在分析电机转子转速对电机内气隙流体流动影响时，取气隙高度为定值 3mm、气隙进口流体流速为 2m/s、转子表面粗糙度取定值 0.003 2、围压 p 取 1MPa，利用 GAMBIT 软件建立 1/4 气隙流体分析模型，按照上述条件设置仿真边界条件，进行仿真计算。

(2) 分析结果

①电机转子转速对气隙流体流速的影响。图 3-21 (a)、(b)、(c)、(d) 中分别显示了潜水电机转子转速为 750r/min、1 000r/min、1 500r/min、3 000r/min 时电机定、转子气隙中流体内部速度分布云图，为观察气隙流体内部流动规律，云图中未显示内外壁速度，仅选择显示了流体内部速度云图。为更加直观地了解电机定、转子气隙流体流速分布受转子转速的影响，在每个速度云图沿定子轴向（Z 轴方向）合适位置取平行于 XY 面的截面，根据气隙速度分布云图可知，气隙进口处速度变化快，取截面间隔较小，气隙后端速度相对稳定，取截面间隔较大。计算截面流体的平均速度，将所截面流体平均速度显示于二维、三维坐标系中，结果如图 3-22 所示。

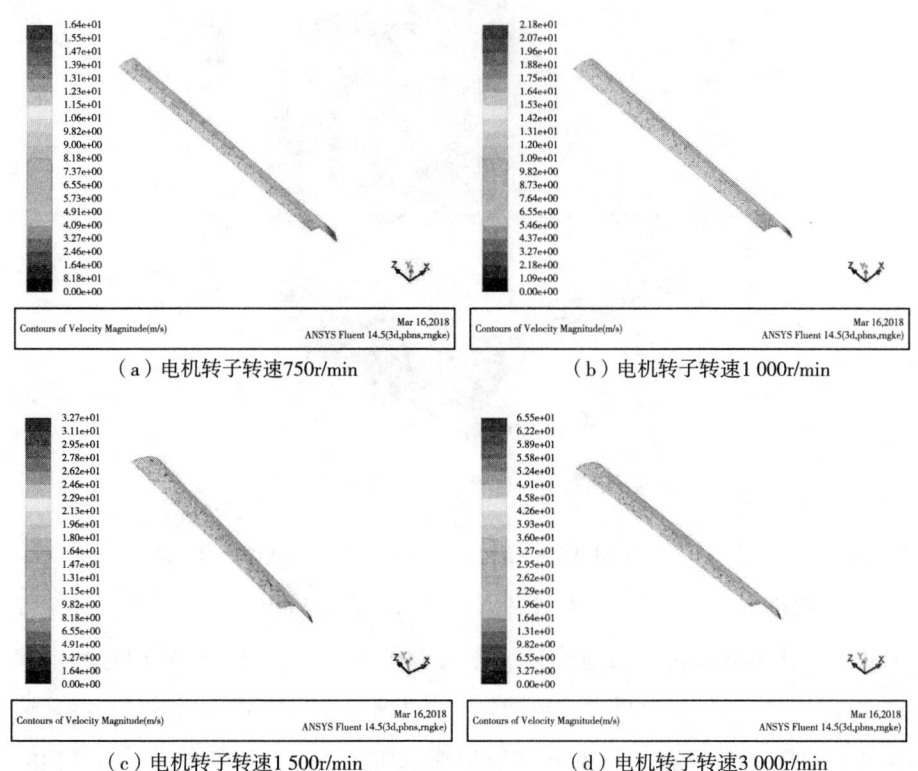

（a）电机转子转速750r/min　　　　（b）电机转子转速1 000r/min

（c）电机转子转速1 500r/min　　　　（d）电机转子转速3 000r/min

图 3-21　气隙流体速度分布云图

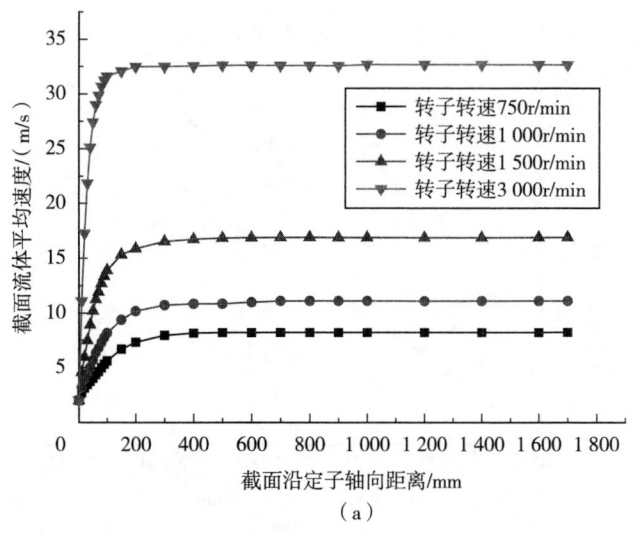

（a）

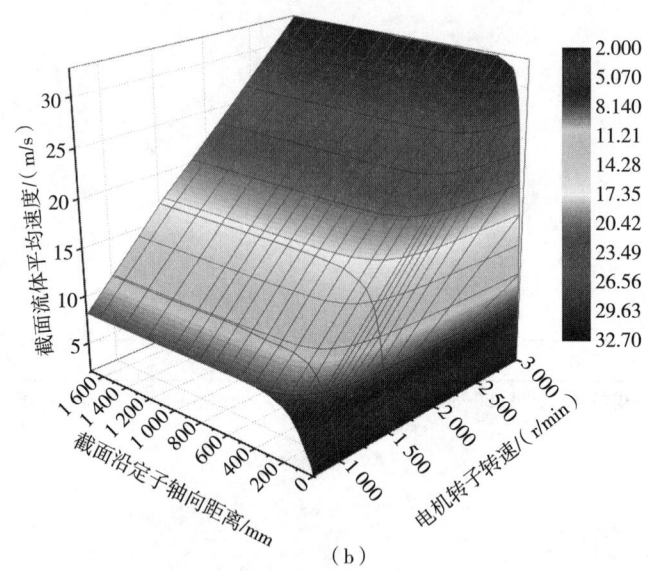

（b）

图 3-22 不同电机转子转速时气隙流体平均速度的分布

分析图 3-21 和图 3-22 可得出以下结论：电机内流体进入定、转子气隙后，流体速度在转子高速旋转的作用下迅速提升，随后达到相对稳定状态，速度最大处位于电机转子边壁处，最大速度值与电机转子转速相等，速度最小处位于电机定子内壁处，最小速度值为 0。电机转速为 750r/min、1 000r/min、1 500r/min、3 000r/min 时对应的气隙流体稳定平均流速分别为 8.237m/s、11.11m/s、16.13m/s、32.63m/s，可见气隙流体流速的平均值随电机转子转速的增加而增加，增加趋势如图 3-23 所示。

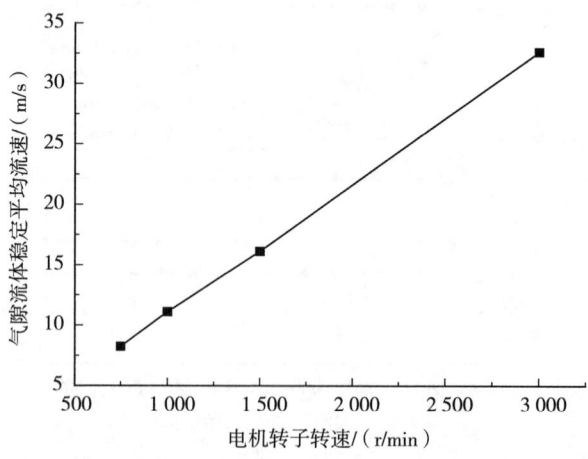

图 3-23 不同转子转速对气隙流体稳定平均流速的影响

②电机转速对气隙流体压力的影响。图3-24（a）、（b）、（c）、（d）中分别显示了电机转子转速为750r/min、1 000r/min、1 500r/min、3 000r/min时电机定、转子气隙中流体内部压力分布云图，图中显示的彩色分界线为压力等高线。为更直观地了解气隙进口流体流速对电机定、转子气隙流体压力分布影响，在每个压力云图沿定子轴向（Z轴方向）等距离取16个平行于XY面的等距截面，计算截面流体的平均压力值，将所截面流体平均压力显示于二维、三维坐标系中，结果如图3-25所示。

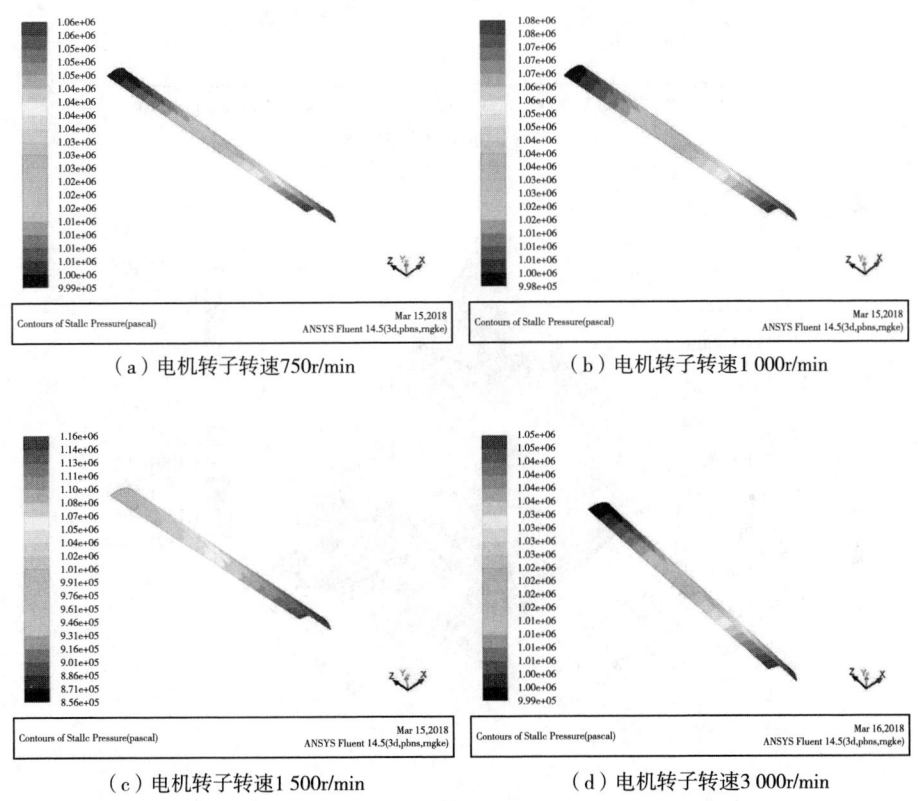

（a）电机转子转速750r/min

（b）电机转子转速1 000r/min

（c）电机转子转速1 500r/min

（d）电机转子转速3 000r/min

图3-24 气隙流体压力分布云图

分析图3-24和图3-25可得出如下结论：电机内流体进入定、转子气隙后，其压力等高线呈不规则曲线，说明内部流体处于湍流状态，沿电机轴Z方向截面压力平均值呈线性减小趋势，压力最大值在气隙进口处，最小值在气隙出口处。电机转子转速为750r/min、1 000r/min、1 500r/min、

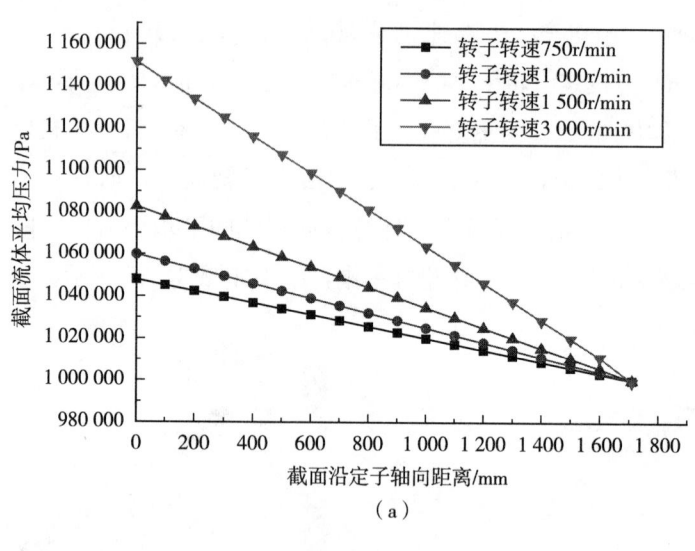

（a）

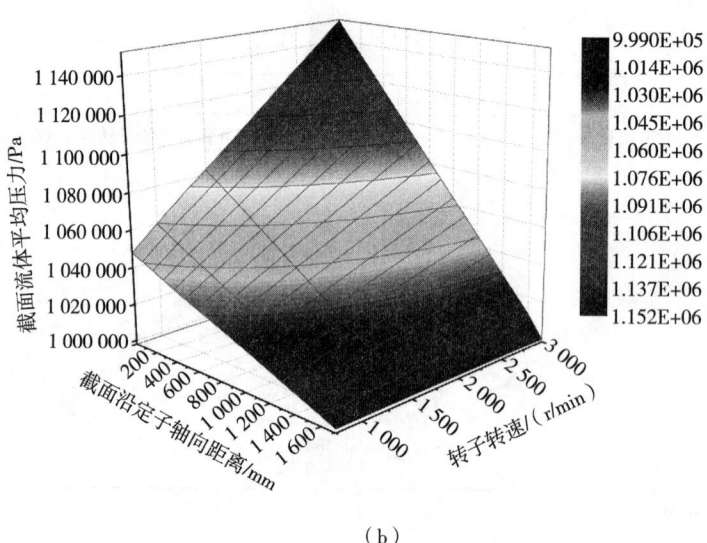

（b）

图 3-25 不同电机转子转速时气隙流体平均压力的分布

3 000r/min 时所对应的进口压力分别为 1.047 96MPa、1.056MPa、1.082 8MPa、1.151 6MPa，出口压力均为 1.0MPa，进出口压力降分别为 0.047 96MPa、0.056MPa、0.082 8MPa、0.151 6MPa，可见气隙流体进出口压力降随着电机转子转速的增加呈线性增加，如图 3-26 所示。

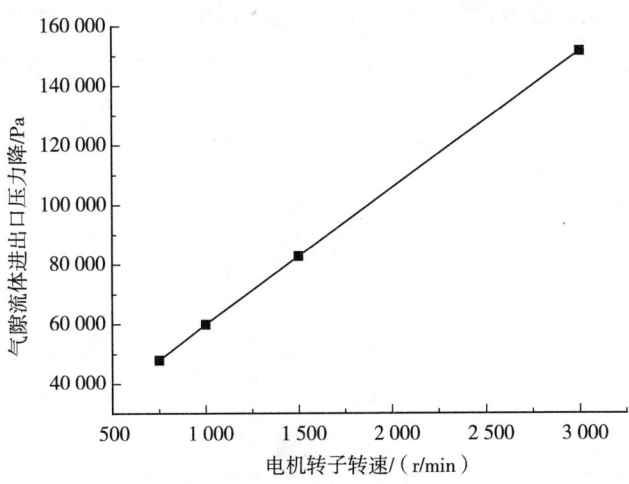

图 3-26　气隙流体进出口压力降随电机转子转速的变化

3.3.4　转子表面粗糙度的影响

(1) 分析方案

潜水电机运行时电机转子在冷却水中高速旋转，其表面粗糙度也是影响电机气隙内流体流动状态的重要因素，分析时选择电机转子表面粗糙度为 Ra0.003 2、Ra0.05、Ra0.1、Ra0.2、Ra0.3 进行分析。在分析电机转子表面粗糙度对电机内气隙流体流动影响时，取气隙高度为定值 3mm、电机转子转速为 1 500r/min、气隙进口流体流速为 2m/s、围压取 1MPa，利用 GAMBIT 软件建立 1/4 气隙流体分析模型，按照上述条件设置仿真边界条件，进行仿真计算。

(2) 分析结果

①电机转子表面粗糙度对气隙流体流速的影响。图 3-27 (a)、(b)、(c)、(d) 中分别显示了潜水电机转子表面粗糙度为 Ra0.003 2、Ra0.05、Ra0.1、Ra0.2、Ra0.3 时电机定、转子气隙中流体内部速度分布云图，为观察气隙流体内部流动规律，云图中未显示内外壁速度，仅选择显示了流体内部速度云图。为更加直观地了解电机气隙流体流速分布受电机转子表面粗糙度的影响，在每个速度云图沿定子轴向（Z 轴方向）合适位置取平行于 XY 面的截面，根据气隙速度分布云图可知，气隙进口处速度变化快，取截面

间隔较小，气隙后端速度相对稳定，取截面间隔较大。计算截面流体的平均速度，将所截面流体平均速度显示于二维、三维坐标系中，结果如图 3－28 所示。

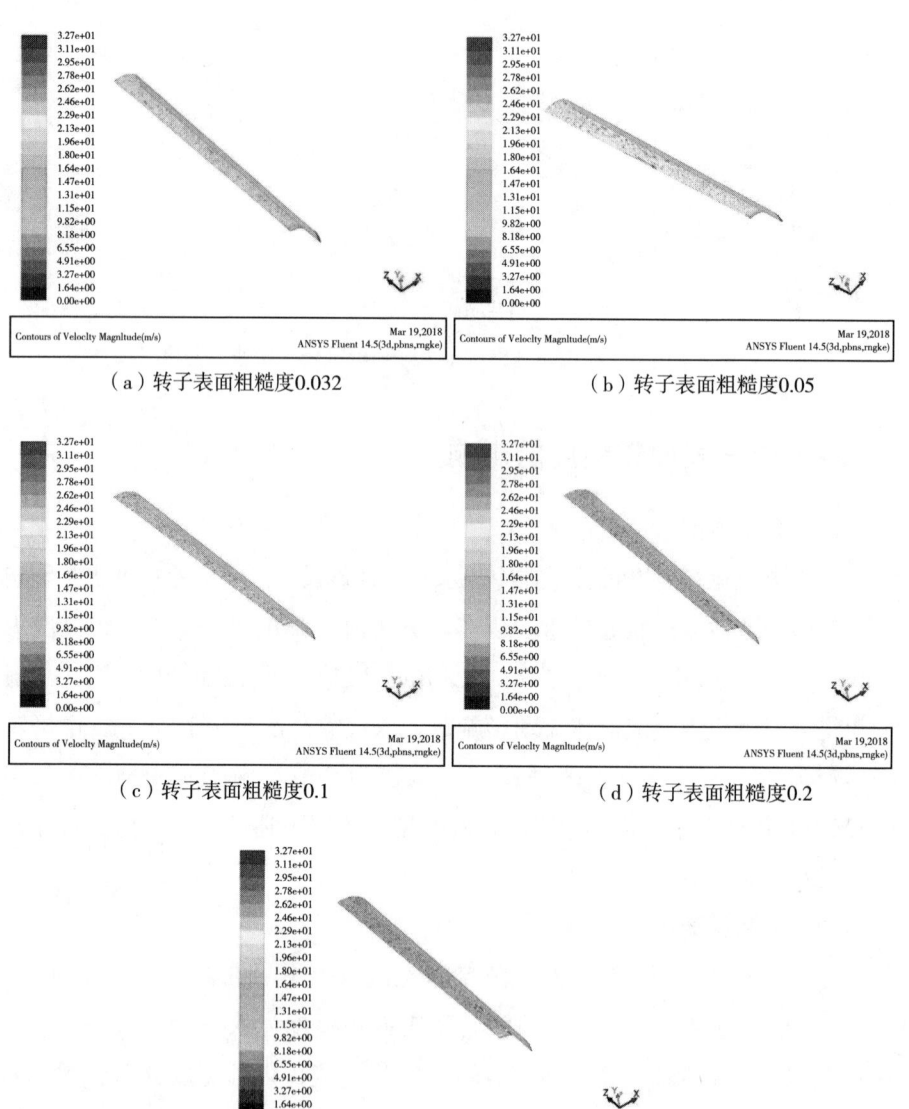

（a）转子表面粗糙度0.032　　　　　　　　（b）转子表面粗糙度0.05

（c）转子表面粗糙度0.1　　　　　　　　（d）转子表面粗糙度0.2

（e）转子表面粗糙度0.3

图 3－27　气隙流体速度分布云图

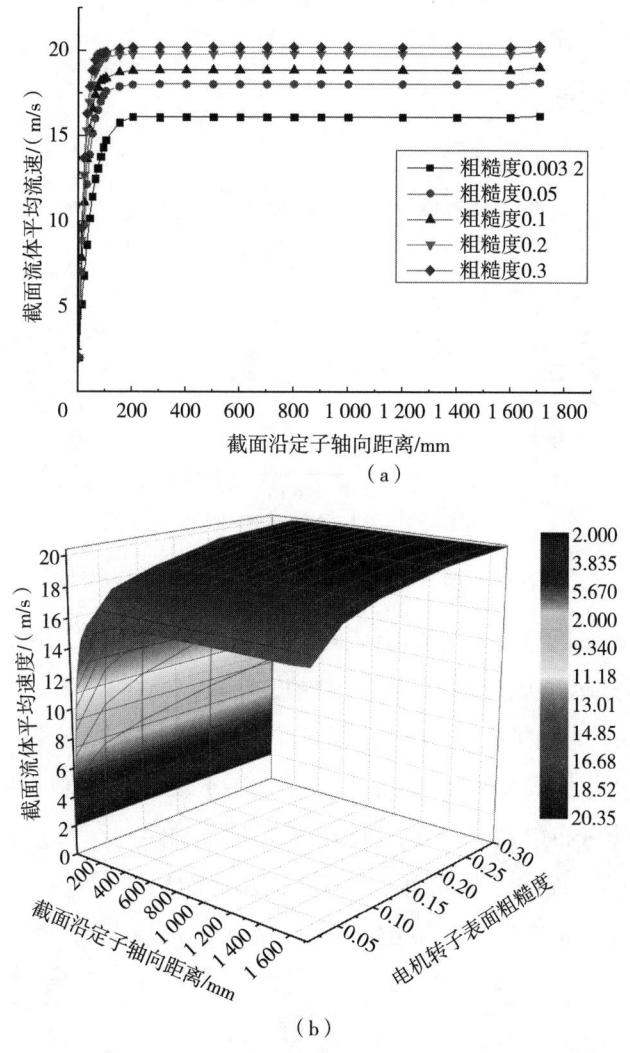

图 3-28 转子不同表面粗糙度时气隙流体平均速度的分布

分析图 3-27 和图 3-28 可得出以下结论：电机内流体进入定、转子气隙后，流体速度在转子高速旋转的作用下迅速提升，随后达到相对稳定状态，速度最大处位于电机转子边壁处，最大速度值与电机转子转速相等，速度最小处位于电机定子内壁处，最小速度值为 0。电机转子表面粗糙度为Ra0.003 2、Ra0.05、Ra0.1、Ra0.2、Ra0.3 时对应的气隙流体稳定平均流速分别为 16.13m/s、18.179m/s、19.076m/s、19.966m/s、20.31m/s，可见气隙流体流速的平均值随转子表面粗糙度的增大而增大，但增速逐渐变缓，如图 3-29 所示。

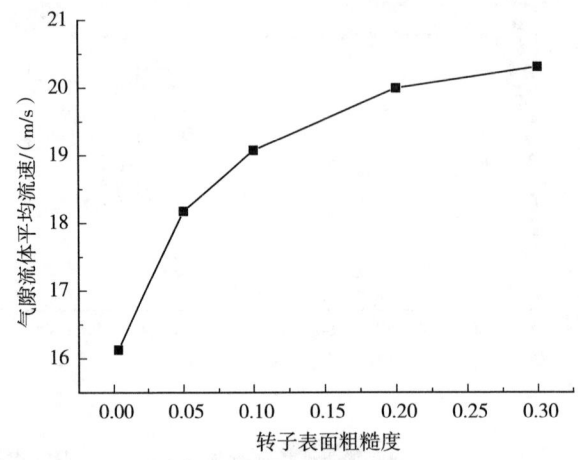

图 3-29　电机不同转子表面粗糙度对气隙流体平均速度的影响

　　②转子表面粗糙度对气隙流体压力的影响。图 3-30（a）、（b）、（c）、（d）中分别显示了电机转子表面粗糙度为 Ra0.003 2、Ra0.05、Ra0.1、Ra0.2、Ra0.3 时电机定、转子气隙中流体内部压力分布云图，图中显示的彩带分界线为压力等高线。为更直观地了解转子表面粗糙度对电机定、转子气隙流体压力分布影响，在每个压力云图沿定子轴向（Z 轴方向）等距离取 16 个平行于 XY 面的等距截面，计算截面流体的平均压力值，将所截面流体平均压力显示于二维、三维坐标系中，结果如图 3-31 所示。

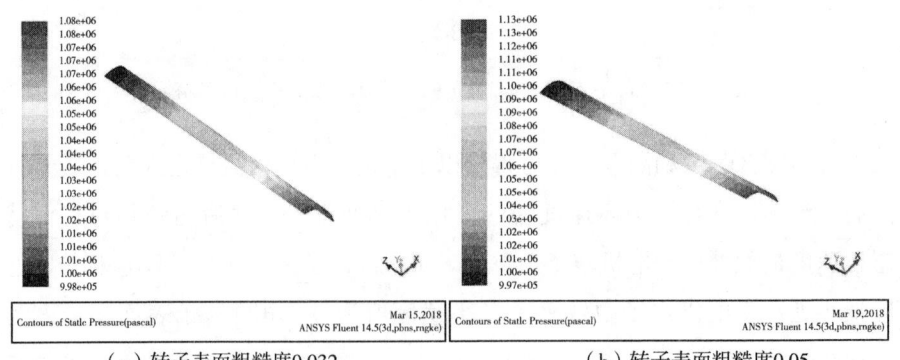

（a）转子表面粗糙度0.032　　　　　　　（b）转子表面粗糙度0.05

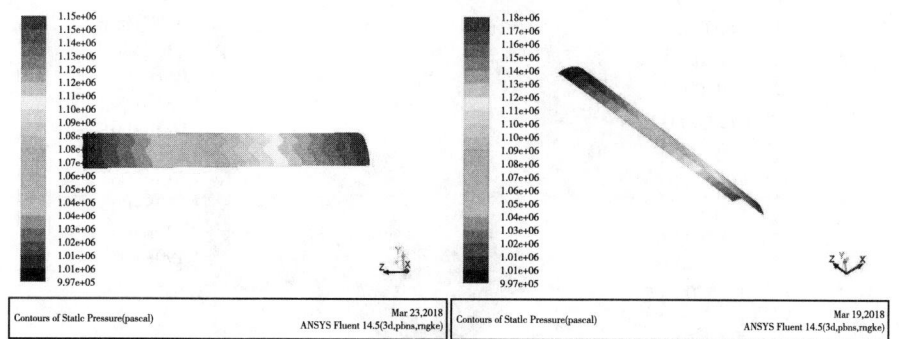

（c）转子表面粗糙度0.1　　　　　　　（d）转子表面粗糙度0.2

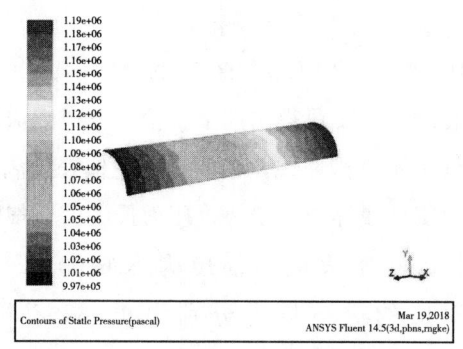

（e）转子表面粗糙度0.3

图3-30　气隙流体压力分布云图

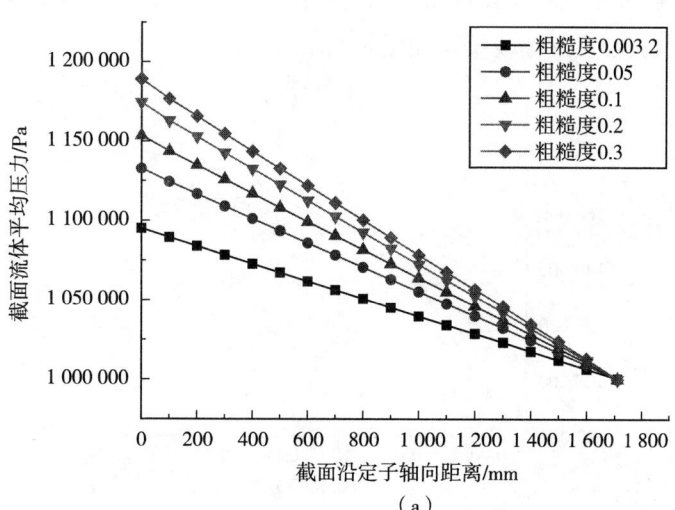

（a）

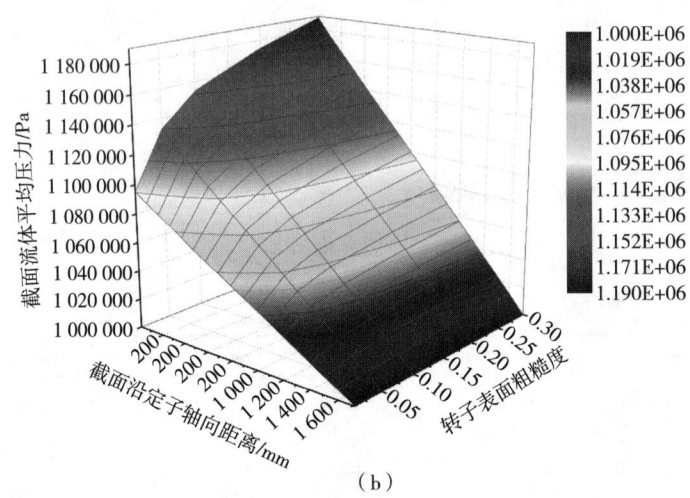

（b）

图 3-31 不同转子表面粗糙度时气隙流体平均压力的分布

分析图 3-30 和图 3-31 可得出如下结论：电机内流体进入定、转子气隙后，其压力等高线呈不规则曲线，说明内部流体处于湍流状态，沿电机轴 Z 方向截面压力平均值呈线性减小趋势，压力最大值在气隙进口处，最小值在气隙出口处。电机转子表面粗糙度为 Ra0.003 2、Ra0.05、Ra0.1、Ra0.2、Ra0.3 时对应的进口压力分别为 1.082 8MPa、1.132 8MPa、1.153 6MPa、1.174 3MPa、1.189MPa，出口压力均为 1.0MPa，进出口压力降分别为 0.082 8MPa、0.132 8MPa、0.153 6MPa、0.174 3MPa、0.189MPa，可见气隙流体进出口压力降随着电机转子表面粗糙度的增加而增加，但增长幅度逐渐变缓，如图 3-32 所示。

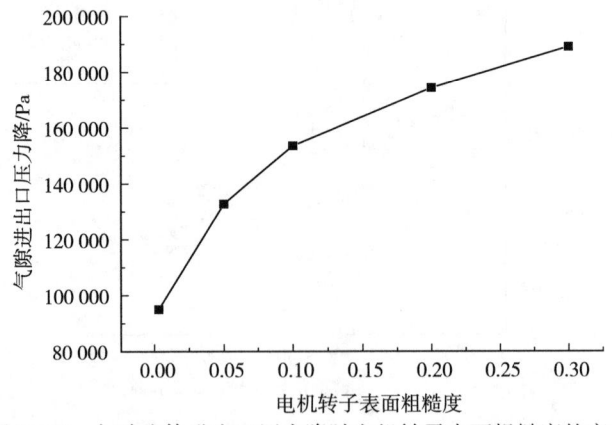

图 3-32 气隙流体进出口压力降随电机转子表面粗糙度的变化

3.3.5　电机围压的影响

(1) 分析方案

深井潜水电机运行时随着潜没深度的增加，潜水电机所受的环境围压也随之增加，本书研究的深井潜水电机额定扬程为810m，抢险排水工程中抢险装备一次安装至井底，根据潜水电机所可能受到的环境围压，在研究电机所受围压对电机气隙内流体流动状态影响时，分别选择环境围压值为1MPa（100m水深）、3MPa（300m水深）、5MPa（500m水深）、7MPa（700m水深）进行研究。

在分析潜水电机的环境围压对电机内气隙流体流动特性的影响时，取气隙高度为定值3mm、气隙进口流体流速为2m/s、电机转子转速为1 500r/min，转子表面粗糙度为0.003 2，利用GAMBIT软件建立1/4气隙流体分析模型，按照上述条件设置仿真边界条件进行仿真计算。

(2) 分析结果

①电机围压对气隙流体流速的影响。图3-33 (a)、(b)、(c)、(d) 中分别显示了潜水电机围压为1MPa、3MPa、5MPa、7MPa时电机定、转子气隙中流体内部速度分布云图，为观察气隙流体内部流动规律，云图中未显示内外壁速度，仅选择显示了流体内部速度云图。为更加直观地了解电机定、转子气隙流体流速分布受环境围压的影响，在每个速度云图沿定子轴向（Z轴方向）合适位置取平行于XY面的截面，根据流体整体流动规律，取截面时前面较密，后面较疏，计算截面流体的平均速度，将所截面流体平均速度显示于二维、三维坐标系中，结果如图3-34所示。

分析图3-33和图3-34可得出以下结论：电机内流体进入定、转子气隙后，在转子高速旋转的作用下流体速度迅速提升，随后达到相对稳定状态，速度最大处位于电机转子边壁处，最大速度值与电机转子转速相等，速度最小处位于电机定子内壁处，最小速度值为0。电机围压为1MPa、3MPa、5MPa、7MPa时对应的气隙流体稳定平均流速分别为16.13m/s、16.02m/s、15.97m/s、15.93m/s，可见气隙流体流速的平均值随电机围压的增大而小幅减小，其对气隙流体流速可忽略不计（图3-35）。

②电机围压对气隙流体压力的影响。图3-36 (a)、(b)、(c)、(d) 中

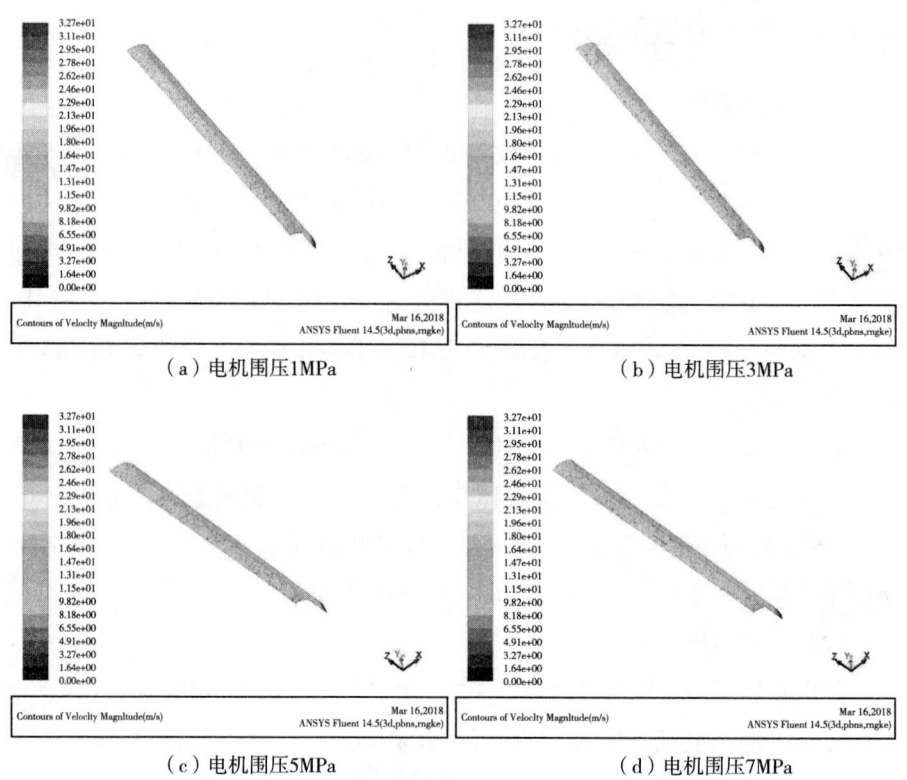

（a）电机围压1MPa　　　　　　　　　（b）电机围压3MPa

（c）电机围压5MPa　　　　　　　　　（d）电机围压7MPa

图 3-33　气隙流体速度分布云图

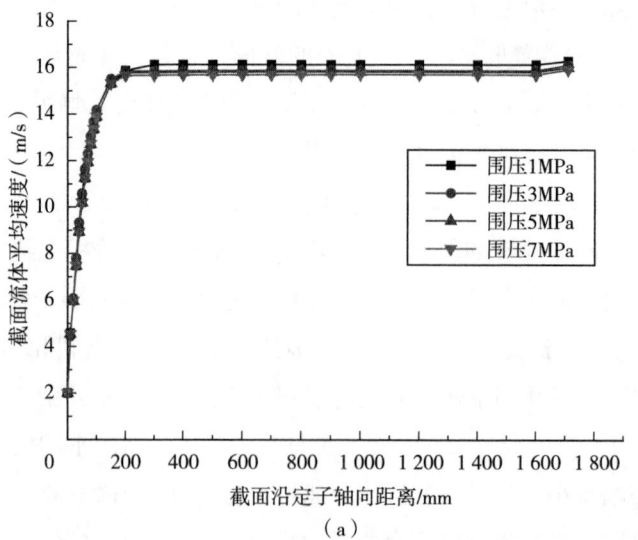

（a）

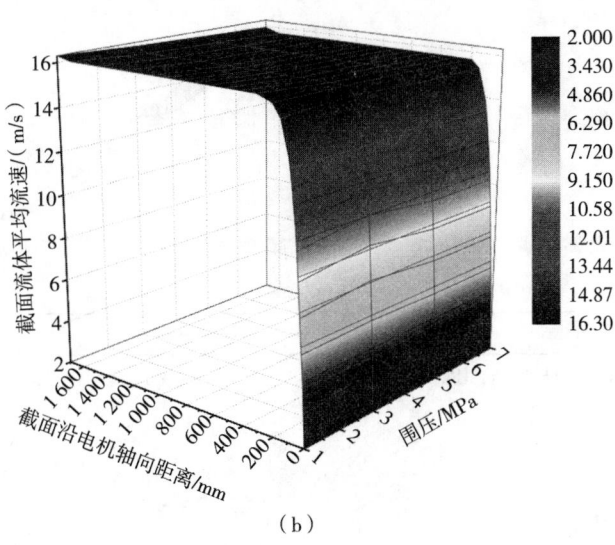

（b）

图 3-34 不同围压时气隙流体平均速度分布

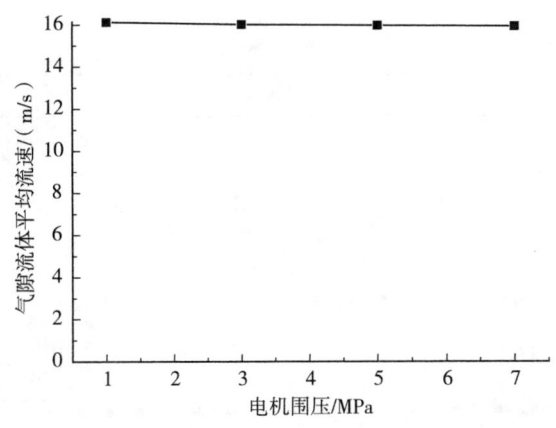

图 3-35 气隙流体进出口压力降随电机的变化

分别显示了电机围压为 1MPa、3MPa、5MPa、7MPa 时电机定、转子气隙中流体内部压力分布云图，图中显示的彩色条带分界线为压力等高线。为更直观地了解电机围压对电机定、转子气隙流体压力分布的影响，在每个压力云图沿定子轴向（Z 轴方向）等距离取 16 个平行于 XY 面的等距截面，计算截面流体的平均压力值，将所截面流体平均压力显示于二维、三维坐标系中，结果如图 3-37 所示。

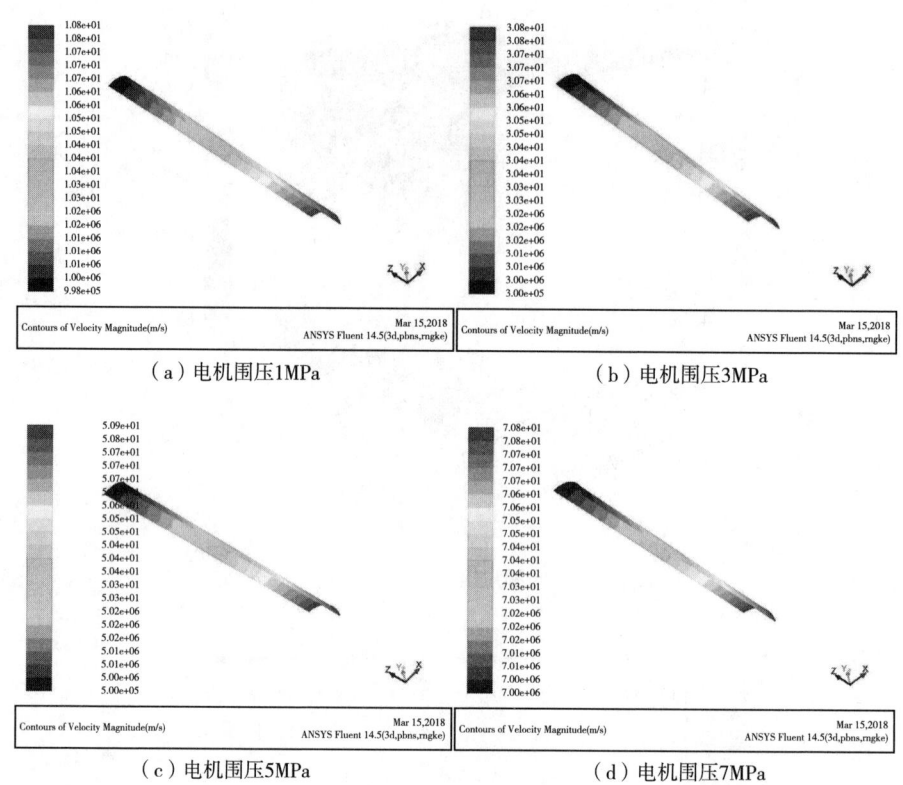

（a）电机围压1MPa   （b）电机围压3MPa

（c）电机围压5MPa   （d）电机围压7MPa

图 3-36　气隙流体压力分布云图

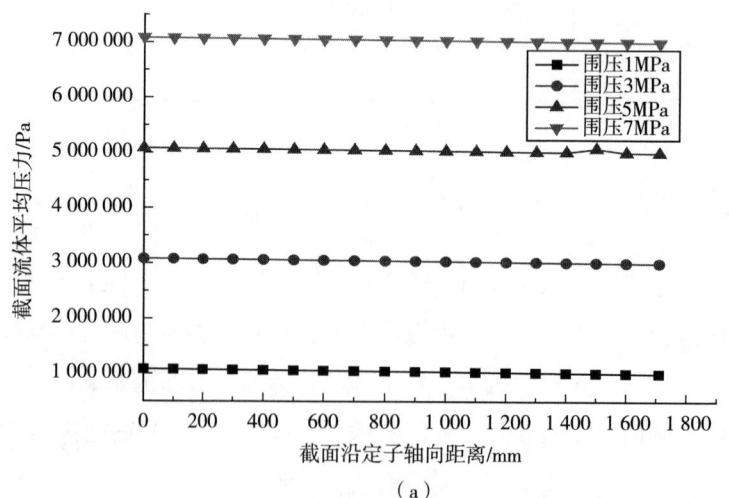

（a）

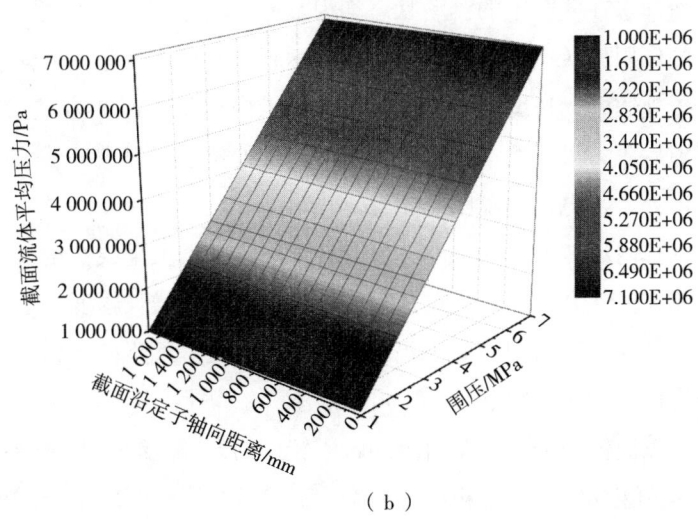

（b）

图 3-37　电机不同围压时流体平均压力的分布

分析图 3-36 和图 3-37 可得如下结论：电机内流体进入定、转子气隙后，其压力等高线呈不规则带状，说明内部流体处于湍流状态，截面压力平均值沿电机轴向呈线性减小趋势，压力最大值在气隙进口处，最小值在气隙出口处，与环境围压相等。电机围压为 1MPa、3MPa、5MPa、7MPa 时所对应的进口压力分别为 1.082 8MPa、3.082 7MPa、5.083 1MPa、7.082 6MPa，出口压力分别为 1.0MPa、3.0MPa、5.0MPa、7.0MPa，进出口压力降分别为 0.082 8MPa、0.082 7MPa、0.083 1MPa、0.082 6MPa，可见电机在这 4 种围压下气隙流体进出口压力降基本相同。

3.4　本章小结

本章以 3 200kW 深井充水式潜水电机为研究对象，根据电机的实际结构和尺寸，利用 SolidWorks 三维软件建立了潜水电机的三维实体模型，利用 GAMBIT 软件建立了潜水电机定、转子气隙流体的三维网格结构模型，借助 ANSYS Fluent 流场分析软件分别对定转子气隙高度、气隙进口流体流速、转子转速、转子表面粗糙度和环境围压等 5 个因素对充水式潜水电机气隙流体流动特性的影响进行了深入研究。研究结果表明：

（1）冷却水在气隙中的流动状态均为紊流，流体进入电机气隙后受转子高速旋转的作用旋转速度迅速提升，随后达到相对稳定状态，流体速度最大处位于转子外边壁，速度最小处位于电机定子内边壁，速度为 0。冷却水进入电机气隙后压力呈线性下降趋势，压力最大处位于气隙进口处，最小处位于气隙出口处，与电机环境围压相等。

（2）气隙内流体的最大平均速度受转子转速的增大呈线性增长趋势；随气隙进口流体流速和转子表面粗糙度的增大而增长，增长幅度呈不同程度减小趋势；随气隙高度的增加而小幅减小，减小幅度呈逐步减小趋势；电机围压对气隙流体运动速度影响很小，可忽略不计。

（3）气隙流体的进出口压力降随转子转速的升高呈线性增长趋势；随气隙进口流体流速和转子表面粗糙度的增大而增长，增长幅度呈不同程度减小趋势；随气隙高度的增加而减小，减小幅度呈逐步减小趋势；电机围压对气隙流体运动速度影响很小，可忽略不计。研究所得结论为下一步电机转子水摩擦损耗的计算、表面换热系数的计算和电机内驱动泵轮的选型提供了依据。

4 基于流体流动特性的潜水
电机定子稳态温升研究

4.1 引言

深井充水式潜水电机运行时产生大量的损耗，这些损耗最终转化为热能，导致电机内部温度的升高。充水式潜水电机定子直接与绕组接触，其运行温度过高将直接影响潜水电机绕组的绝缘寿命。研究潜水电机定子在多热源影响下温度分布情况，有利于指导改善充水式潜水电机的结构设计，保障潜水电机稳定高效运行。

本章研究了充水式潜水电机的热交换形式，建立了充水式潜水电机内温度场数值分析数学模型。分析了充水式潜水电机的热源及其计算方法，并以电机内流体流动特性分析结论为基础，重点分析了不同因素对转子水摩擦损耗的影响；其次研究了潜水电机内部热量传递路径，并做出合理假设，作出了充水式潜水电机的等效热路图。考虑多热源对电机定子的影响，运用ANSYS Workbench 有限元分析软件研究了 3 200kW 充水式潜水电机在不同气隙进口流体流速下定子的温度分布情况。最后对仿真结果进行分析，提出了 3 200kW 充水式潜水电机气隙进口流体的合理流速，并结合第 3 章中气隙进口流体流速对气隙流体压力分布影响的分析结果，对电机内循环冷却系统的驱动泵轮做出合理选型。将仿真结果与第 5 章中温升试验结果相对比，验证了有限元分析结果的正确性。

4.2　充水式潜水电机温度场研究基础

4.2.1　热量传递方式

(1) 热传导

热传导过程可表述为：当物体内部或者两个相接触的物体之间存在温度差时，热量会从温度较高的物体传导至温度较低的物体或者从同一物体温度较高的部件传导至温度较低的部位。热传导过程遵循傅里叶定律，可表达为式（4-1），式中负号代表热流方向与温度升高方向相反。

$$q = -\lambda \frac{\mathrm{d}T}{\mathrm{d}y} \qquad (4-1)$$

式（4-1）中，q——热流密度，W/m^2；

λ——导热系数，$W/(m \cdot K)$。

(2) 热对流

对流传热是指运动的流体与流经的固体表面之间的换热过程，当固体表面与流经它的流体之间存在温度差异时引起的热量交换。热对流按流体流动产生的原因可分为自然对流和强制对流两类。热对流过程遵循牛顿冷却定律，可表达为式（4-2）。

$$q = \alpha(T_2 - T_1) \qquad (4-2)$$

式（4-2）中，α——对流换热过程的换热系数，$W/(m^2 \cdot K)$；

T_2——表示两者中温度较高的一侧，℃；

T_1——表示两者中温度较低的一侧，℃。

(3) 热辐射

热辐射是指物体内部热能以电磁能的形式发射出来，并被其他物体吸收转变为自身热量的能量交换过程。物体温度越高，单位时间辐射的热量就越多。热辐射与热传导和热对流不同的是热辐射不需要传热介质，在真空中热辐射效率最高。

4.2.2　换热微分方程

针对黏性流体紧靠流道壁面处的边界层，其分子层与流道壁面之间没有相对运动，因此，边界层的流体和固体之间依靠热传导方式传递热量，可由傅里叶定律表示，由式（4-1）和式（4-2）可得对流换热系数的表达式。

$$\alpha = -\frac{\lambda}{(T_2 - T_1)}\left(\frac{\partial T}{\partial y}\right) \qquad (4-3)$$

式（4-3）即为描述流体流经固体表面时对流换热过程的微分方程，从式（4-3）可以看出，对流换热系数与流体在壁面处的温度梯度变化关系密切。

4.2.3 充水式潜水电机绕组绝缘材料温升限值

根据 GB755 和 GB/T 2818—2002 的规定，当潜水电机环境水温不高于20℃时，不同型式的潜水电机定子绕组的温升限值应不超过表 4-1 所规定的温升限值。

表 4-1 潜水电机定子绕组温升限值

潜水电机冷却方式	定子绕组绝缘材料或绝缘等级	温升限值/K
充水式	聚氯乙烯型	40
	聚乙烯型	45
	交联聚乙烯型	60
充油式	E 级	95
	B 级	100
	F 级	120
	H 级	140

本书研究的充水式潜水电机定子绕组为交联聚乙烯型绝缘材料，在环境水温不高于 20℃时，温升不超过 60K，即潜水电机正常运行时绕组温度不得超过 80℃。

4.3 充水式潜水电机的热源分布

电机是将电能转换成机械能的机构，在其能量转化过程中产生损耗是不可避免的，这些损耗中的大部分最终将转化成电机内部热量，以温升的形式呈现，使电机各部分温度升高。针对本书所研究的充水式潜水电机的结构特点，其内部热源按损耗所产生的部位可划分为：基本铁耗、绕组铜耗、机械损耗和杂散损耗。本章主要研究潜水电机基本铁耗和机械损耗。

4.3.1 基本铁耗

充水式潜水电机为三相异步电机，运行时交变的磁通在定子铁心中引起的涡流损耗和磁滞损耗即为定子铁心的基本铁耗。定子铁耗的计算方法是根据电机空载时定子齿部磁通密度和轭部磁通密度，按铁心材料查出材料所对应的单位体积损耗，再分别与定子齿部和轭部体积相乘得到两部分损耗，计算铁心基本铁耗时采用 K_1、K_2 来消除制造工艺和结构产生的影响，表达式可写为：

$$P_{Fe} = K_1 P_{t1} V_{t1} + K_2 P_{j1} V_{j1} \qquad (4-4)$$

式（4-4）中，K_1、K_2——修正系数，K_1 取 2.5，K_2 取 2；

$\qquad P_{t1}$、P_{j1}——电机定子齿部、轭部对应的单位体积损耗，W；

$\qquad V_{t1}$、V_{j1}——电机定子齿部、轭部的体积，m^3。

以本书研究的 3 200kW 潜水电机为例，定子材料为 DW470，通过查损耗曲线表，并通过式（4-4）计算可得出其铁耗值为 40.16kW。

4.3.2 绕组铜耗

（1）转子绕组铜耗

根据电机转子的相关参数，计算电机的铜耗为：

$$P_{cu1} = 3I_S^2 \frac{s^2 \omega_\epsilon^2 L_m^2}{R_r^2 + s^2 \omega_\epsilon^2 L_r^2} R_r \qquad (4-5)$$

式（4-5）中，I_S——定子线圈的电流有效值，A；

$\qquad L_s$、L_r、L_m——分别为定、转子自感及二者间互感，H；

$\qquad s$——转差率，r；

$\qquad \omega_\epsilon$——同步角速度，rad。

针对本书研究的 3 200kW 潜水电机，计算其满载定子铜耗为 46.088kW。

（2）定子的铜耗

根据电机定子线圈电流的有效值以及定子线圈的阻值可得定子的铜

耗为：

$$P_{\mathrm{Cu2}} = 3I^2R \qquad (4-6)$$

式（4-6）中，I——相电流，A；

R——相电压，V。

针对本书研究的 3 200kW 潜水电机，计算其满载定子铜耗为 27.23kW。

4.3.3 机械损耗

充水式潜水电机有别于传统干式潜水电机，其运行时电机转子在冷却水中高速旋转，机械损耗 P_{fw} 主要由转子水摩擦损耗 P_0、导轴承摩擦损耗 P_{f} 和止推轴承摩擦损耗组成 P_z，可由式（4-7）表示。

$$P_{\mathrm{fw}} = P_0 + P_{\mathrm{f}} + P_z \qquad (4-7)$$

（1）转子水摩擦损耗

充水式潜水电机转子水摩擦损耗[114-115]是由电机定子内表面和转子外表面相对运动时，定、转子气隙中的流体随转子运动时的黏滞损耗产生。电机定子和转子均为柱状结构，本书采用柱坐标系（r，θ，z）进行公式推导。潜水电机定子内径为 R_1，转子外径为 R_2，转子旋转角速度为 ω，定转子间冷却水的速度可表示为式（4-8）。

$$u = -\frac{R_1^2}{R_2^2 - R_1^2}r - \frac{R_1^2 R_2^2}{r(R_2^2 - R_1^2)}\omega \qquad (4-8)$$

由第 3 章流体特性分析可知，水属于非牛顿黏性流体，符合牛顿内摩擦定律，其内摩擦力可以用式（4-9）表示。

$$\tau = \mu \frac{\partial u}{\partial n} \qquad (4-9)$$

式（4-9）中，τ——剪切应力，Pa；

μ——黏度，Pa·s。

在不考虑流体轴向速度的情况下，水旋转只有切向分量，可表示为式（4-10）。

$$\tau = \mu\left(\frac{\partial u}{\partial n} - \frac{u}{r}\right) \qquad (4-10)$$

将式（4-8）和式（4-9）代入式（4-10）可得式（4-11）。

$$\tau = -2\mu \frac{R_1^2 R_2^2}{r^2 (R_2^2 - R_1^2)} \omega \qquad (4-11)$$

电机转子水摩擦力即为转子表面切应力，可表示为式（4-12）。

$$\tau_{r=R_2} = -2\mu \frac{R_1^2}{(R_2^2 - R_1^2)} \omega \qquad (4-12)$$

由式（4-12）可得水作用在转子上的力矩，可表示为式（4-13）。

$$M = \tau_{r=R_2} \cdot 2\pi R_2^2 l = -2\pi\mu l \frac{R_1^2 R_2^2}{(R_2^2 - R_1^2)} \omega \qquad (4-13)$$

式（4-13）中，l——潜水电机转子长度。

由于潜水电机气隙高度 δ 相对电机定转子半径较小，可认为 $R_1^2 - R_2^2 \approx 2\delta R_2$、$R_1^2 R_2^2 \approx R_2^4$，由此可得式（4-14）。

$$M = \frac{2\pi\mu l R_2^3 \omega}{\delta} \qquad (4-14)$$

转子与水的黏滞损耗即可认为是充水式潜水电机的转子水摩擦损耗，可表示为式（4-15）。

$$P_0 = M\omega = \frac{2\pi\mu l R_2^3 \omega^2}{\delta} \qquad (4-15)$$

经变换可得

$$P_0 = \frac{2\pi\mu l R_2 v^2}{\delta} \qquad (4-16)$$

由以上分析可知，充水式潜水电机转子水摩擦损耗与水的黏度成正比，与转子转速的平方成正比，与气隙成反比，与转子长度成正比。针对本书的 3 200kW 充水式潜水电机，其转子水摩擦损耗约为 86kW。

充水式潜水电机转子水摩擦损耗与电机内流体流动有密切的关系，结合第 3 章数值仿真结果可得转子水摩擦损耗与电机气隙高度、气隙进口流体流速、转子转速、转子表面粗糙度之间的关系，分别如图 4-1、图 4-2、图 4-3 和图 4-4 所示。由第 3 章分析可知，潜水电机的运行围压对电机内流体流动特性的影响可以忽略不计，故可认为转子水摩擦损耗不受潜水电机运行环境围压的影响。

（2）导轴承摩擦损耗

为确保潜水电机运行时定、转子气隙均匀，不发生摩擦，潜水电机内部设有上、下两个导轴承，分别位于电机转子轴的上端和下端，对高速旋转的

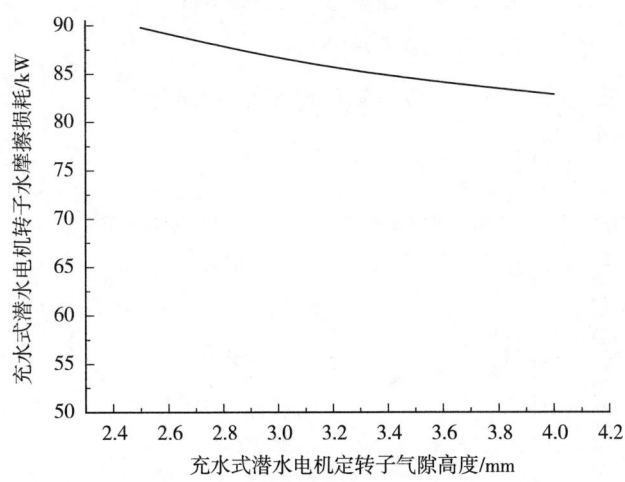

图 4-1 转子水摩擦损耗与电机气隙高度的关系

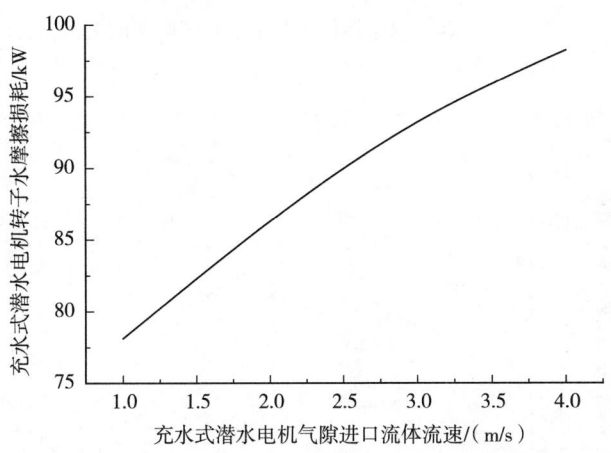

图 4-2 转子水摩擦损耗与电机气隙进口流体流速的关系

转子起固定和扶正作用。在潜水电机竖直运行时，电机轴与导轴承之间的摩擦很小，但由于制造工艺和装配等因素，电机定、转子气隙会存在一定不均匀，此时，电机转子会受单边磁拉力作用，与导轴承发生摩擦，其摩擦损耗 P_f 可表示为式（4-17）。

$$P_f = \frac{1}{102} F_d f \cdot \frac{d}{2} \cdot \omega \qquad (4-17)$$

式（4-17）中，F_d——单边磁拉力，N；

f——摩擦系数，取 0.004；

d——转子直径，m；

ω——转子旋转角速度，rad/s。

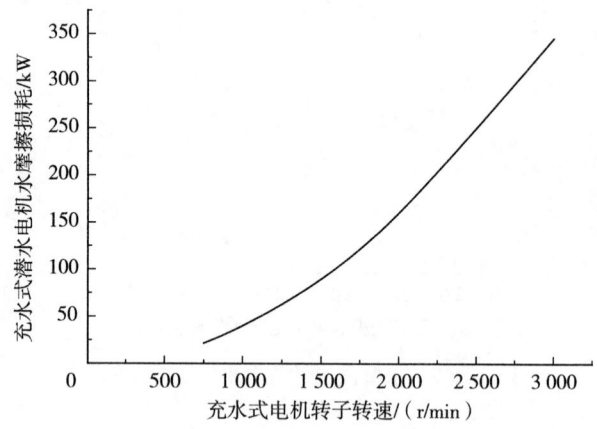

图 4 - 3　转子水摩擦损耗与电机转子转速的关系

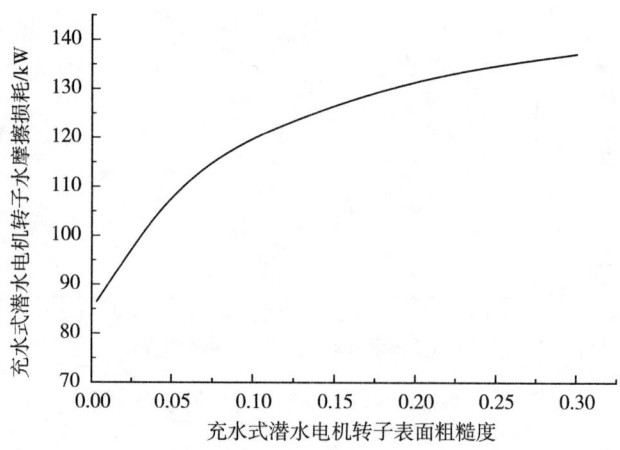

图 4 - 4　转子水摩擦损耗与电机转子表面粗糙度的关系

单边磁拉力 F_d 可表示为式（4 - 18）。

$$F_d = \frac{\beta \pi D l}{\delta} \cdot \frac{B_\delta^2}{2\mu_0} e_0 \qquad (4 - 18)$$

式（4 - 18）中，β——系数，对于充水式潜水电机 $\beta=0.5$；

δ——电机气隙，m；

e_0——初始偏心，可取 0.01δ；

B_δ——潜水电机气隙磁场密度，T；

D——潜水电机转子外径，m；

l——潜水电机铁心长度，m；

μ_0——磁导率。

针对本书研究的 3 200kW 潜水电机，其运行时采用竖直安装模式运行，导轴承的摩擦损耗值可忽略不计。

（3）止推轴承摩擦损耗

潜水电机正常运行时，止推轴承的动块与静块高速滑动，由于摩擦而产生损耗，止推轴承的摩擦损耗可表示为式（4-19）。

$$P_z = 0.98 K_\lambda G \sqrt{\frac{\mu v^3}{10Pl}} \qquad (4-19)$$

式（4-19）中，K_λ——止推轴承动块与静块之间的滑动摩擦系数；

$\qquad\qquad G$——止推轴承所受力，包括转子重力和轴向力的矢量和，N；

$\qquad\qquad v$——轴瓦平均转速，rad/s；

$\qquad\qquad P$——轴瓦片平均单位力，N；

$\qquad\qquad l$——止推轴承瓦片长度，m；

$\qquad\qquad \mu$——水的黏度，Pa·s。

针对本书研究的 3 200kW 充水式潜水电机，止推轴承摩擦损耗为 3.2kW。

4.3.4　杂散损耗

异步电机的杂散损耗主要由绕组电流产生的高次谐波磁动势、漏磁场和笼型转子导条与转子铁心间的短路引起。本书研究的充水式潜水电机采用闭口槽设计，定转子间隙相对较大，谐波较小，所产生杂散损耗也较小，潜水电机杂散损耗可按式（4-20）进行估算。

$$P_S = 0.005 P_1 \qquad (4-20)$$

式（4-20）中，P_1——潜水电机输入功率，W。

针对本书研究的 3 200kW 充水式潜水电机，其杂散损耗约为 16kW。

由以上计算可知，充水式潜水电机的机械损耗主要来源于转子水摩擦损耗，降低充水式潜水电机的机械损耗重点在于降低其转子水摩擦损耗。理论上，可以通过增大电机气隙、降低气隙进口流体轴向流速、降低转子转速、降低转子表面粗糙度来降低电机运行时的转子水摩擦损耗。但在工程应用中，增大电机气隙和降低转子转速会直接影响电机的性能，不容易做到。因此，工程应用中应在保证电机冷却效果的前提下，采用合理降低气隙进口流体轴向流速和提高电机转子加工工艺降低转子表面粗糙度两种方法来降低转子水摩擦损耗。

4.3.5 空载试验结果对比

本节针对 3 200kW 充水式潜水电机铁耗与机械损耗计算结果与第 5 章的空载试验结果一致性良好，3 200kW 潜水电机损耗计算值与试验值对比见表 4 - 2。

表 4 - 2 3 200kW 潜水电机损耗计算值与试验值对比

试验项目	计算值	试验值
定子电阻（60℃）	0.235Ω	0.225Ω
空载电流	97A	90A
定子空载铜耗	2.221kW	1.822kW
空载输入功率	131.581kW	139.982kW
铁耗	40.16kW	43.06kW
机械耗损	89.2kW	95.1kW
定子满载铜耗	27.2kW	—
转子满载铜耗	44.7kW	—
杂散损耗	16kW	—

4.4 深井充水式潜水电机定子温度场研究

充水式潜水电机定子绕组位于定子槽中，潜水电机运行时定子温度直接影响定子绕组绝缘寿命，在分析充水式潜水电机内部热量传递路径的基础上，考虑多热源对电机温升的影响，利用 ANSYS Workbench 软件分析了 3 200kW 充水式潜水电机运行时定子在不同气隙进口流体流速下的温度的分布情况，有利于进一步优化潜水电机冷却结构，确定合理的气隙进口流体流速，保障潜水电机的高效、可靠运行。

4.4.1 充水式潜水电机的内部传热路径分析

（1）等效热路法

等效热路是在根据传热学和电路理论基础上形成的等效热路，其思路来源于电路的欧姆定律。换热方程可表达为式（4-21）。

$$q = A\lambda(T_2 - T_1) = A\lambda \Delta t \qquad (4-21)$$

式（4-21）中，q——热流量，W；

A——热接触面积，m^2；

λ——等效导热系数，W/(m·K)；

Δt——流体间的温度差，℃。

由此可将式（4-21）改写为式（4-22）：

$$q = \frac{\Delta t}{1/(A\lambda)} \qquad (4-22)$$

式（4-22）与欧姆定律比较，式中 q 相当于电流，Δt 相当于电压，$1/(A\lambda)$ 相当于电阻，因此，将 $1/(A\lambda)$ 称为热阻，应用此概念即可建立充水式潜水电机的等效热路图。

（2）充水式潜水电机的等效热路图

充水式潜水电机使用前需向其内部充入足量的清水作为其运行时的冷却介质，在使用时与大功率潜水泵组成深井潜水电泵，在运行过程中电机定子绕组和转子均浸在电机内的冷却水中，电机定子绕组所产生的铜耗一部分通过绕组绝缘传至电机定子铁心，再由定子铁心传导至电机外壳，被电机外部流动的矿井水带走，另有一部分绕组铜耗被电机内循环的冷却水带走，直接传至电机外壳，同样被电机外部流动的矿井水带走；电机运行时转子绕组铜耗和转子水摩擦损耗先被电机内的冷却水带走，然后一部分经冷却水传导至电机定子，经定子传导至机壳，另一部分直接通过电机内部循环的冷却水传于电机机壳。电机内轴承摩擦产生的机械损耗主要通过端盖和电机轴传至电机壳，再被矿井水带走。

为进一步分析充水式潜水电机内部热传递路径，画出充水式潜水电机的等效热路图，做如下合理假设：P_{Cu1} 表示电机定子绕组铜耗，其中 P_{Cu1} 为定子槽内绕组损耗，全部通过定子铁心传至机壳，P_{Cu12}为定子端部绕组损耗，全部通过循环冷却水传至机壳；P_{Cu2}表示转子绕组损耗，其中P_{Cu21}为转子绕组铜耗生热中通过定子铁心传导至机壳的部分，为P_{Cu22}转子绕组铜耗生热中通过冷却水传导至机壳的部分，假设它们各占P_{Cu2}的一半；P_{t1}为电机定子铁心齿部铁耗，P_{j1}为电机定子铁心轭部铁耗，均通过电机定子传导到机壳或冷却水中；p_{s1}为定子杂散损耗，通过电机定子传至电机壳，P_{s2}为转子的杂散损耗，其中P_{s21}为通过电机定子传至电机壳的部分转子杂散损耗，P_{s22}为通过电机内冷却液传至电机壳的部分转子杂散损耗，假设它们各占P_{s2}的一半；P_{fw1}为转子与冷却水摩擦损耗，P_{fw2}为电机止推轴承和导轴承产生的损耗。

R_{CF}为定子绕组对铁心的热阻，R_{t1}为定子铁心齿部对机壳的热阻，R_{j1}为定子铁心轭部对机壳的热阻，R_δ为定、转子对其气隙中冷却水的热阻，R_{c1}为电机定子绕组对冷却水的热阻，R_{c2}为电机转子绕组端部冷却液的热阻，R_0为电机内冷却液对机壳的热阻，R'_0为电机内冷却液对端盖的热阻，R_c为机壳的热阻，R'_c为电机端盖的热阻，R_k为电机机壳对外部矿井水的热阻，R'_k为电机端盖对外部矿井水的热阻。充水式潜水电机的等效热路如图4-5所示。

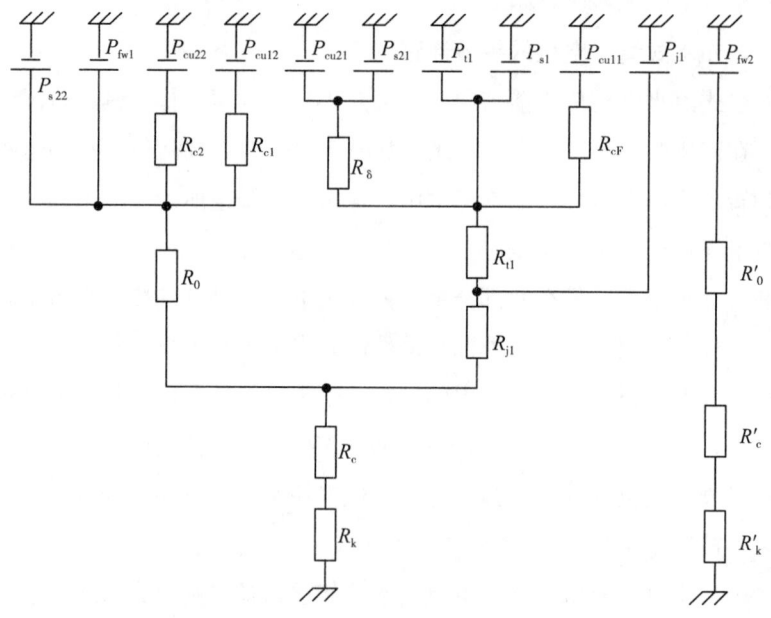

图4-5　充水式潜水电机等效热路

4.4.2 充水式潜水电机内部温度场数值计算模型

对深井充水式潜水电机内温度场进行有限元分析，首先需要在充分了解深井潜水电机内部对流换热的基础上，建立深井充水式潜水电机内部温度场的数值计算模型，即用微分方程来描述潜水电机内部的换热过程；其次需要根据潜水电机结构特点确定各边界条件，最后通过对微分方程的求解来分析潜水电机内部温度场的分布。

（1）充水式潜水电机内导热微分方程

深井充水式潜水电机内导热微分方程可确定为：

$$\lambda_x \frac{\partial^2 T}{\partial x^2} + \lambda_y \frac{\partial^2 T}{\partial y^2} + \lambda_z \frac{\partial^2 T}{\partial z^2} + q_v = \rho c \frac{\partial T}{\partial t} \qquad (4-23)$$

式（4-23）中，λ_x、λ_y、λ_z——沿 x、y、z 方向的导热系数；

$\qquad\qquad\quad q_v$——潜水电机内部热源，J；

$\qquad\qquad\quad \rho$——水的密度，kg/m^3；

$\qquad\qquad\quad c$——水的比热容，J/(kg·℃)。

针对稳态温度场，$\frac{\partial T}{\partial t}=0$ 则变为：

$$q_v + k_x \frac{\partial^2 T}{\partial x^2} + k_y \frac{\partial^2 T}{\partial y^2} + k_z \frac{\partial^2 T}{\partial z^2} = 0 \qquad (4-24)$$

（2）导热边界条件

在求解导热微分方程时，必须要确定导热边界条件，常用的导热边界条件有以下三类：

①第一类边界条件（温度边界条件）。

$$\begin{cases} T(x,y,z)\mid_{S_1} = T_c \\ T(x,y,z)\mid_{S_1} = f(x,y,z,t) \end{cases} \qquad (4-25)$$

式（4-25）中，S_1——物体边界；

$\qquad\qquad\quad T_c$——S_1 边界面上给定的温度,℃；

$\qquad\qquad\quad f(x,y,z,t)$——已知的温度函数。

②第二类边界条件（热流边界条件）。

$$\begin{cases} -\lambda \left. \dfrac{\partial T}{\partial n} \right|_{S_2} = q_0 \\[3mm] -\lambda \left. \dfrac{\partial T}{\partial n} \right|_{S_2} = g(x,y,z,t) \end{cases} \qquad (4-26)$$

式（4-26）中，q_0——物体边界面 S_2 上的热流密度，J/m² · s；

$\qquad\qquad g(x,y,z,t)$——热流密度函数；

$\qquad\qquad \lambda$——垂直于物体表面的热传导率，W/(m · K)。

当边界面上热流密度为 0 时，称边界面为绝热边界条件。

③第三类边界条件（热交换边界条件）。从物体内部传到边界上的热流量和通过该边界散到周围介质中的热流量相等，可表述为：

$$-\lambda \left. \frac{\partial T}{\partial n} \right|_{S_3} = \alpha(T - T_0) \qquad (4-27)$$

式（4-27）中，T_0——周围介质的温度，℃；

$\qquad\qquad \alpha$——物体 S_3 边界面的散热系数，W/(m² · K)。

T_0 和 α 可以是常数，也可以是随时间和位置变化的函数。

综合式（4-24）、式（4-25）、式（4-26）、式（4-27）可建立充水式潜水电机内热传导数值计算模型：

$$\begin{cases} \lambda_x \dfrac{\partial^2 T}{\partial x^2} + \lambda_y \dfrac{\partial^2 T}{\partial y^2} + \lambda_z \dfrac{\partial^2 T}{\partial z^2} = -q_v \\[3mm] -\lambda \left. \dfrac{\partial T}{\partial n} \right|_{S_2} = g(x,y,z,t) \\[3mm] \lambda \left. \dfrac{\partial T}{\partial n} \right|_{S_3} = -\alpha(T - T_1) \end{cases} \qquad (4-28)$$

4.4.3　充水式潜水电机温度场分析中相关参数的确定

(1) 热源

充水式潜水电机运行过程中内部生热源主要包括定子铁耗、绕组铜耗以及机械损耗，在 4.3 小节中已做分析和计算。ANSYS 软件中常用的热载荷加载方式有两种，一种是在电机定子实体模型上加载恒定的温度，另一种是在将生热率作为热载荷加载到电机定子上，生热率即热流密度，可表示为式（4-29）。

$$Q = W_q / V \qquad (4-29)$$

式（4-29）中，W_q——电机定子热损耗之和，W；

$\qquad\qquad$ V——电机定子体积，m^3。

(2) 导热系数

导热系数为材料的一种物理属性，同时反映材料导热能力的强弱，一般而言，金属的导热系数比液体的大，液体的导热系数比气体的大。材料的导热系数与材料的种类、物理特性、温度等因素直接相关，需要采用实验方法测定，表4-3列出了电机中常用材料的导热系数。

表4-3 潜水电机中常用材料的导热系数

材 料 名 称	$\lambda\,[W/(m\cdot K)]$	材 料 名 称	$\lambda\,[W/(m\cdot K)]$
紫铜	380～385	水	0.569～0.676
黄铜	110～130	灰铸铁	41.9～58.6
铝	202～220	不锈钢	25～30
冷轧硅钢片沿分层方向	37.01	不锈钢	25～30
冷轧硅钢片垂直分层方向	3.55	铸铝	150.7
热轧硅钢片沿分层方向	35	合金钢	33～40
热轧硅钢片垂直分层方向	0.57～1.1		

(3) 表面对流换热系数

物体表面的对流换热系数与流体流速、流体动力黏度、导热系数、定压比热容及换热面的形状、温度、大小都有着密切关系。在所有这些影响因素中，流体速度是影响对流换热系数的关键因素，因此，强迫对流换热系数远大于自然对流换热系数，本书充水式潜水电机内部的换热过程即为强迫对流换热。针对充水式潜水电机的复杂冷却结构，采用分析计算法得出其表面对流换热系数较为困难，目前主要的方式是在以相似理论为指导的试验中获取，在本书第6章有详细分析。通过相似理论获取对流换热系数过程如下。

由第6章中分析可知，努谢尔数 Nu 表示流体与物体换热面之间对流换热热流与流体在换热面上导热热流之比。可表示为式（4-30）。

$$Nu = \alpha l/\lambda = f(Re,Pr) \qquad (4-30)$$

$$\begin{cases} Re = \dfrac{ul}{v} \\ Pr = \dfrac{\eta c_p}{\lambda} \end{cases} \qquad (4-31)$$

式（4-31）中，α——表面换热系数，$W/(m^2 \cdot K)$；

λ——导热系数，$W/(m \cdot K)$；

l——潜水电机流体等效直径，m；

u——速度，m/s；

η——动力黏度，$(N \cdot s)/m^2$；

v——运动黏度，$(N \cdot s)/m^2$；

c_p——定压热容，$J/(kg \cdot ℃)$。

对于充水式潜水电机内部气隙的紊流换热，列出准则方程如下：

$$Nu = 0.23 Re^{0.8} Pr_{(CP)}^{0.4} \left[\frac{Pr_{(CP)}}{Pr_{(CT)}} \right]^{0.25} \varepsilon \qquad (4-32)$$

式（4-32）中，$Pr_{(CP)}$ 和 $Pr_{(CT)}$ 为潜水电机内流体平均温度和壁面温度对应的普朗特数，ε 为系数。

由于充水式潜水电机为细长结构，其定子沿轴向温度分布不均匀，可对定子铁心进行分段处理，认为在每个分段内电机气隙中冷却水的温度和壁面温度相等，即 $Pr_{(CP)}/Pr_{(CT)}$ 的值为 1。因此，式（4-33）可改写为

$$Nu = 0.23 Re^{0.8} Pr_{(CP)}^{0.4} \varepsilon \qquad (4-33)$$

则潜水电机内气隙流体紊流状态下的表面换热系数可表示为

$$\alpha = 0.23 Re^{0.8} Pr_{(CP)}^{0.4} \varepsilon l / \lambda \qquad (4-34)$$

4.4.4　充水式潜水电机定子温度场分析

（1）基于 A-NSYS Workbench 的 3 200kW 充水式潜水电机定子温度场分析步骤[116-119]。

①依据本书 3 200kW 潜水电机设计结构和尺寸，利用 Solid Works 三维建模软件建立电机定、转子三维模型并装配。为方便后续网格划分，简化计算，建立模型时忽略各倒角和定、转子上不平滑处的影响。3 200kW 充水式潜水电机定、转子三维实体模型如图 4-6 所示。

②将建立的三维模型导入 ANSYS Workbench 中热分析模块，进行材

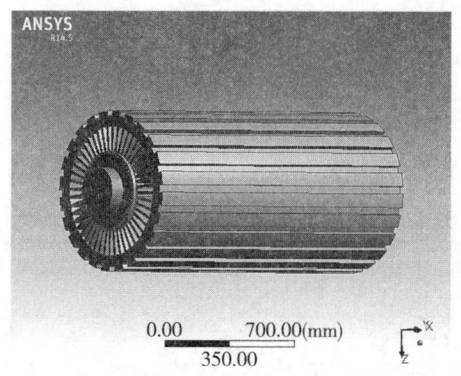

图 4-6　充水式潜水电机定、转子三维实体模型

料属性设置，网格划分，并检查网格划分的质量。

③热源加载时根据电机内部热传导路径分析中的假设，考虑铁耗、定子和转子铜耗及转子水摩擦损耗等热源对定子的影响，加载定子热流密度。

④充水式潜水电机内部流体沿轴向分布不均，对流换热系数随温度的不同而改变，计算时将定、转子分为两段进行换热系数的加载。

⑤设置不同的轴向气隙流体进口流速，研究不同流体轴向流速时潜水电机定子温度场分布。

潜水电机定子温度场分析流程见图 4-7。

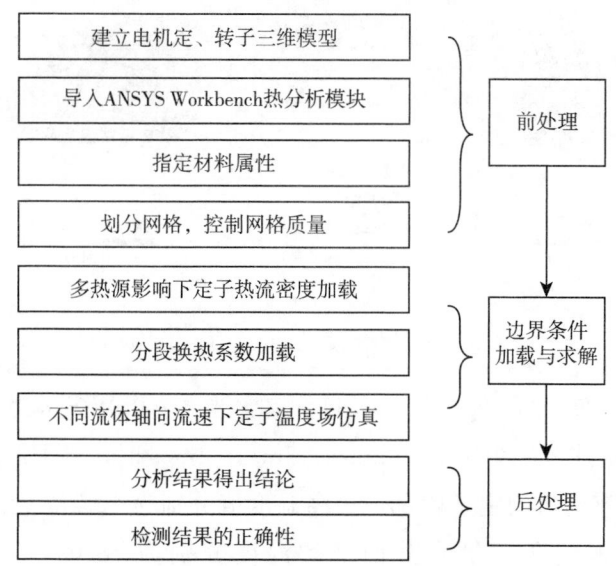

图 4-7　潜水电机定子温度场分析流程

（2）气隙流体进口速度对电机定子温升影响

以 3 200kW 潜水电机定子为研究对象，将电机气隙进口流体的轴向流速分别设定为 1m/s、2m/s、3m/s、4m/s，电机环境温度设定为 30℃，按上述分析步骤进行充水式潜水电机定子温度场进行仿真分析，得到不同气隙进口流体流速下的电机定子温度分布云图，如图 4-8 至图 4-11 所示。

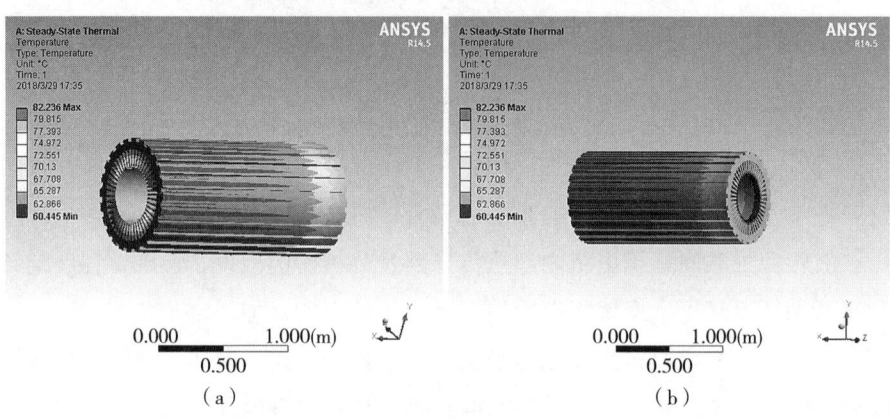

| （a） | （b） |

图 4-8　气隙进口流体流速为 1m/s 时定子温度分布云图

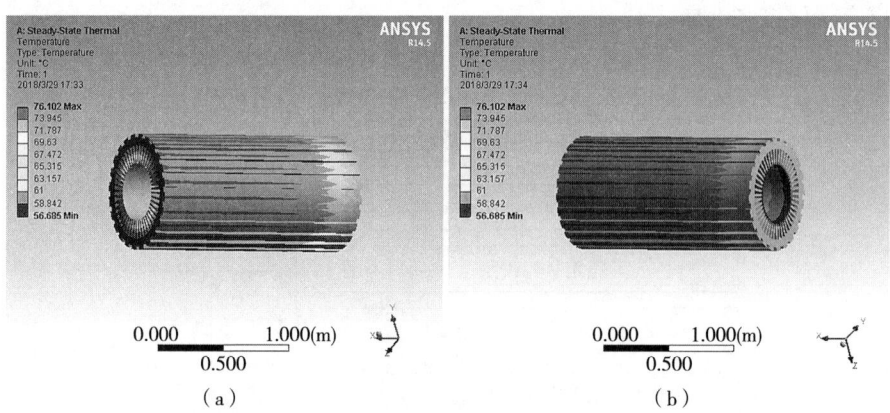

| （a） | （b） |

图 4-9　气隙进口流体流速为 2m/s 时定子温度分布云图

由温度分布云图 4-8 至图 4-11 可知，当 3 200kW 充水式潜水电机气隙进口流体流速分别为 1m/s、2m/s、3m/s、4m/s 时，定子温度最高处均位于电机气隙出口的定子轭部，最高温度值分别为 82.236℃、76.102℃、72.295℃、69.486℃，最高截面平均温度分别为 78.034℃、71.143℃、66.941℃、64.561℃；定子温度最低处均位于电机气隙进口处的定子齿部，

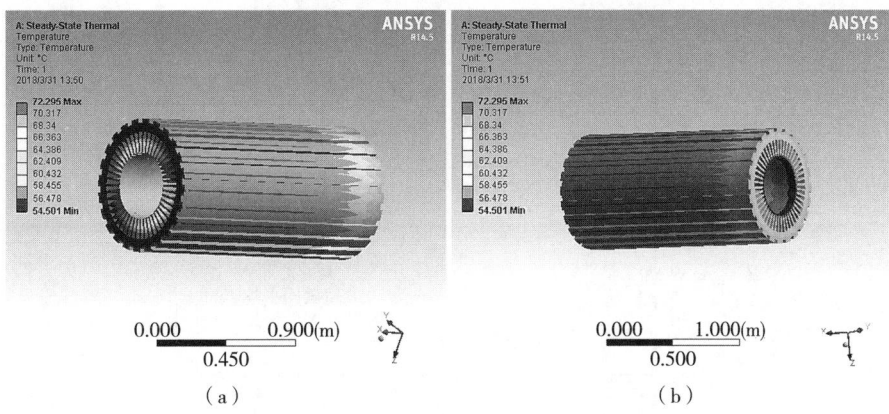

（a）　　　　　　　　　　　　　　　　（b）

图 4-10　气隙进口流体流速为 3m/s 时定子温度分布云图

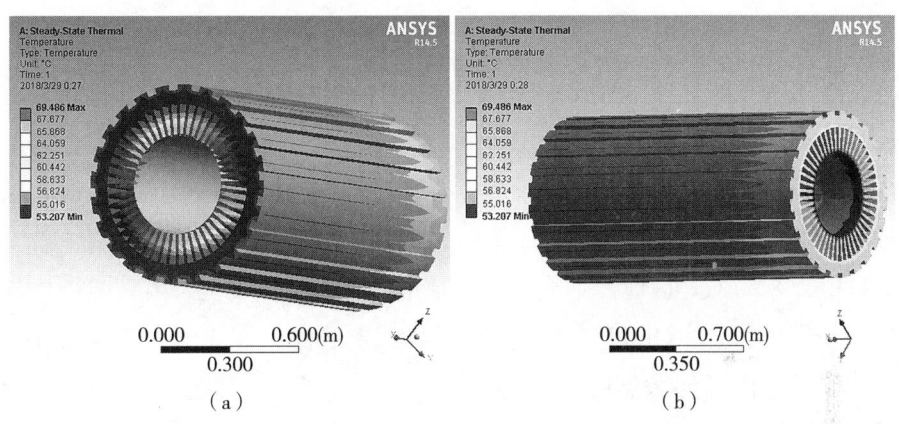

（a）　　　　　　　　　　　　　　　　（b）

图 4-11　气隙进口流体流速为 4m/s 时定子温度分布云图

最低温度值为 60.445℃、56.685℃、54.501℃、53.207℃，进口断面平均温度为 65.13℃、61.22℃、58.51℃、56.82℃。为方便比较，仿真结果可表示为表 4-4 和图 4-12。

表 4-4　不同气隙流体进口流速

进口速度/(m/s)	最高温度/℃	最高截面平均温度/℃	最低温度/℃	最低截面平均温度/℃
1	82.236	78.034	60.445	65.13
2	76.102	71.143	56.685	61.22
3	72.295	66.941	54.501	58.51
4	69.486	64.561	53.207	56.82

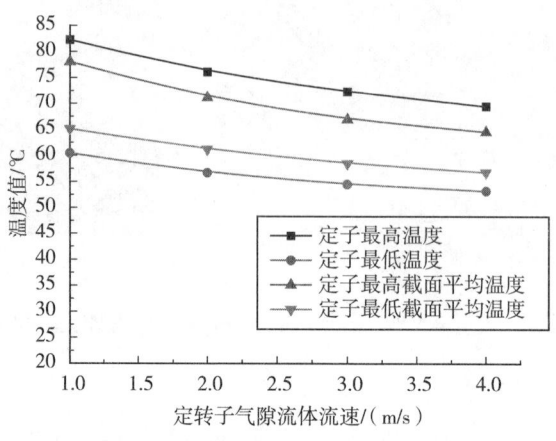

图 4-12　不同气隙流体流速时定子的温度

（3）结论

本书研究的充水式潜水电机定子绕组采用交联聚乙烯绝缘材料，由 GB755 和 GB/T 2818—2002 的规定可知，交联聚乙烯绝缘材料的安全温度应不高于 80℃，结合定子温度场分析结果，当气隙进口流速为 1m/s 时，提取电机定子气隙出口端定子齿底部圆周的平均温度为 79.96℃，圆周上最大温度值为 80.7℃，因此，不能完全保证电机绕组绝缘安全。当气隙进口流速为 2m/s 时，提取电机定子气隙出口端面定子齿底部圆周的平均温度为 74.36℃，圆周上最大温度值为 75.23℃，不存在有温度超过 80℃位置，能保证电机绕组绝缘安全。当气隙进口流速为 3m/s 时，提取电机定子气隙出口端面定子齿底部圆周的平均温度为 71.44℃，圆周上最大温度值为 72.23℃，不存在有温度超过 80℃位置，能保证电机绕组绝缘安全。当气隙进口流速为 4m/s 时，提取电机定子气隙出口端面定子齿底部圆周的平均温度，显示为 68.64℃，圆周上最大温度值为 69.25℃，不存在有温度超过 80℃位置，能保证电机绕组绝缘安全。

由以上分析得出，充水式潜水电机气隙进口流体流速对其定子冷却效果有直接影响，可以通过调节气隙进口流体流速来达到定子绕组绝缘要求的冷却效果，在工程应用上此方法也是最容易实现的。针对本书研究的 3 200kW 充水式潜水电机，要达到定子绕组绝缘要求的冷却效果，必须保证定、转子气隙进口流体流速不小于 2m/s。

4.5　气隙流体合理流速确定和驱动泵轮设计

4.5.1　气隙进口流体合理流速确定

通过本章前文分析可知，当充水式潜水电机定、转子气隙进口流体轴向流速大于 2m/s 时，电机定子的温度值均不超过 80℃，可以保证定子绕组的绝缘安全。由图 4-12 可知，充水式潜水电机定子的冷却效果并非随气隙进口流体轴向流速的增加而呈现线性增加趋势，而是呈现逐步减弱趋势。另外，结合本章前文对转子水摩擦损耗的分析可知，如图 4-2 所示，增加气隙进口流体轴向流速势必会增加电机转子水摩擦损耗，且充水式潜水电机的机械损耗绝大部分来自电机转子的水摩擦损耗。因此，在工程应用中并非电机气隙进口流体轴向流速越大越好，而应该在保证潜水电机冷却效果的前提下，尽可能减小潜水电机气隙流体的轴向流速，以减小电机运行时的水摩擦损耗，提高充水式潜水电机的效率。综合考虑气隙进口流体流速对电机冷却效果和转子水摩擦的影响，提出本书研究的 3 200kW 充水式潜水电机气隙进口流体的合理流速为 2~2.5m/s，速度太小不能保证充水式潜水电机定子有足够的冷却效果，速度太大则会造成电机转子水摩擦损耗过大，影响潜水电机的运行效率。

4.5.2　驱动泵轮的设计

由第 2 章充水式潜水电机冷却结构设计可知，电机内水循环冷却系统靠驱动泵轮提供动力，当潜水电机竖直安装运行时，电机内部冷却水从经离心式驱动泵轮的加压，沿电机定、转子气隙及电机定子绕组气隙向上流动，再沿电机定子外缘的冷却水道返回至电机下端的冷却器中，如此实现电机内部冷却水沿流道循环流动，驱动泵轮的性能决定着电机气隙进口流体流速的大小。由于电机内冷却水为连续不可压缩流体，充水式潜水电机内流体必然满足质量守恒定律，即：通过电机气隙向上的水流量 Q_1 与沿电机外缘冷却水道回流的水流量 Q_2 相等[120][121]，可表示为式（4-35）。

$$Q_1 = Q_2 \qquad (4-35)$$

针对本书研究的充水式潜水电机，流体回路为闭合回路，流体压力分布需要满足式[122-126]（4-36）。

$$\sum \Delta P_i = 0 \qquad\qquad (4-36)$$

式（4-36）中，ΔP_i——潜水电机内流体回路中第 i 条支路的压力变化。

对充水式潜水电机回路分析可知，潜水电机运行时内循环泵轮只需提供流体以 2m/s 流速流经电机气隙所产生的压力损失，即可保证电机气隙内流体流速，从而保证电机的冷却效果。

结合第 3 章电机气隙进口流体流速与气隙内流体压力分布关系（图 3-20）可知，当气隙进口流体流速为 2m/s 时，气隙流体进出口压力降为 0.082 8MPa。因此，要保证气隙进口流体流速不小于 2m/s，驱动泵轮最小应提供 0.082 8MPa 的压力，即驱动泵轮扬程不得小于 8.28m，而当气隙流体流速为 2～2.5m/s 时，3 200kW 潜水电机气隙流量约为 28.5～35.6m³/h，考虑流体流动过程中的各种压力损耗，本书选用扬程为 10m（0.1MPa），流量为 40m³/h，泵轮后盖板带泄流孔的离心式泵轮，泵轮泄流孔的目的是泄除驱动泵轮的富余流量。

4.5.3　试验验证

对本书研究的 3 200kW 充水式潜水电机进行温升试验，此电机配备扬程为 10m，流量为 40m³/h，可在气隙进出口提供 1MPa 压力差，根据第 3 章中气隙流体进出口压力差与气隙进口流体流速的关系图（图 3-20）可知，压力差在 1MPa 时，气隙进口流体流速在 2.5m/s 左右。试验原理和试验过程在第 5 章中有详细阐述，在潜水电机定子气隙进口附近和出口附近分别埋置 PT100 热电阻测温元件，温升试验结果如图 4-13 所示，从图 4-13

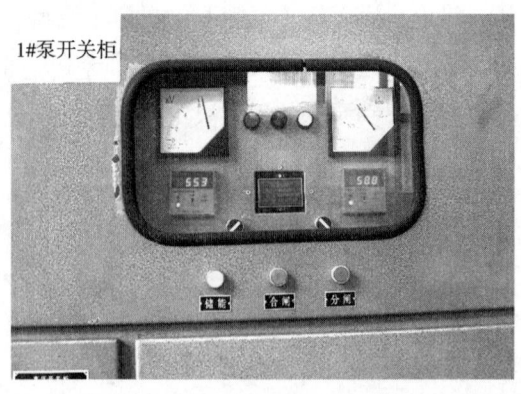

图 4-13　3 200kW 充水式潜水电机温升试验结果

可知电机气隙进口处温度为 55.3℃，出口处温度为 58.8℃。从图 4-12 可知，气隙进口流体速度在 2.5m/s 时，温度场分析得出气隙进口截面平均温度值为 59.65℃，出口处最大截面温度为 68.05℃。有限元分析值与试验值比较如表 4-5 所示。

表 4-5　有限元分析值与试验值比较

项目	气隙进口温度/℃	气隙出口温度/℃
有限元分析值	59.65	68.05
试验值	55.3	58.8

由表 4-5 可知，3 200kW 充水式潜水电机温度场计算值与试验值有一定差距，气隙进口有限元分析值比试验值高出 4.35℃，气隙出口有限元分析值比试验值高出 9.25℃；有限元分析定子气隙进出口温差为 8.4℃，试验所得定子气隙进出口温差为 3.5℃。两者之所以会产生误差，是因为有限元分析所得温度值为电机定子产生的温度，而试验时安放的热电阻一部分与电子定子内壁相接触，大部分与电机内冷却水接触，由热力学知识分析可知，在电机内达到热平衡时，冷却水的温度低于电机定子温度，可以解释试验值小于温度场计算值的原因；因为水具有较大的比热容，升温较慢，可以合理解释试验所得气隙进出口温度差比温度场计算值小的原因。

由以上分析可得出结论：本书针对所研究 3 200kW 潜水电机的温度场分析结果与试验结果之间的误差是可以得到合理解释的，可以认为两者结果是相符合的，证明了本书研究方法的正确性和研究结果的有效性。

4.6　本章小结

本章采用理论分析、有限元温度场分析和试验研究等手段，基于电机内流体流动特性分析结果，研究分析了电机内各项损耗、利用有限元法对电机温度分布进行研究，并将计算、分析结果与第 5 章中试验值相比较，总结如下：

（1）计算了 3 200kW 充水式潜水电机内部各项损耗值，以电机内流体流动特性分析结论为基础，重点研究了不同因素对转子水摩擦损耗的影响，研究结果表明，转子水摩擦损耗随电机气隙高度的增加而小幅减小，随气隙进口流体轴向流速、转子转速、表面粗糙度的增加而有不同程度的增长，几乎不受电机运行环境围压的影响，电机铁耗和机械损耗的计算结果与第5章中空载试验所得结果一致性良好。

（2）研究了潜水电机内部热量传递路径，在合理假设的基础上，做出了充水式潜水电机的等效热路图；考虑多热源对电机定子温度分布的影响，运用 ANSYS Workbench 有限元分析软件研究了 3 200kW 充水式潜水电机在不同气隙进口流体轴向流速下定子的温度分布情况，研究结果表明，电机定子温度最低处位于气隙流体进口处的定子齿部，温度最高处位于电机气隙流体出口附近的定子轭部，且随着气隙进口流体轴向流速的增加，电机定子温度减小，但减小幅度逐步减弱。

（3）对仿真结果进行分析，提出了 3 200kW 充水式潜水电机气隙进口流体的合理流速，结合第3章中气隙进口流体流速对气隙流体压力分布影响的分析结果对电机内循环冷却系统的驱动泵轮提出合理设计依据，选择扬程 10m（提供 0.1MPa 压力），流量 40m³/h，后盖板带有泄流孔的离心式泵轮作为电机内水循环冷却系统的驱动泵轮。并将仿真结果与第5章中温升试验结果相对比，根据热力学知识，解释了误差产生的原因，验证了有限元分析结果的正确性。

5 深井充水式潜水电机的试验研究

5.1 引言

潜水电机空载试验、温升试验和绝缘电阻的检测试验是研究充水式潜水电机不可或缺的重要环节，合理的电机试验能发现其设计上的不足，最大限度地保证其在工程应用中的安全可靠性。本章针对深井潜水电机创新设计了深井潜水电机综合试验平台，在地面模拟了潜水电机的深井运行工况，分别进行了空载运行试验、温升试验和绝缘性能试验，获取了深井潜水电机的铁耗、机械损耗、电机定子运行温值和电机线缆的绝缘效果；通过对试验数据的分析，证明了潜水电机冷却结构的有效性和数值分析结果的正确性。最后结合国内某深井救灾排水工程，介绍了本书研究的深井潜水电机的工程应用情况。

5.2 潜水电机的空载试验

5.2.1 试验目的

空载试验是获取电机电气性能和机械性能的重要手段。通过充水式潜水电机的空载试验，可测定潜水电机额定电压下的空载电流和空载损耗，然后利用损耗分离法得出潜水电机运行时的铁耗和机械损耗。试验中潜水电机空载输入功率可认为是潜水电机空载时的总损耗，三相异步电机空载和额定负载运行时，其定子铁心主磁通大小基本不变，铁耗基本不变；由于电机转子转速变化也较小，因此机械损耗也基本不变，其他损耗则随负载变化而变化。

5.2.2　试验方法

参考《三相异步电机试验方法》[127]（GB 1032—2005）中电机空载试验内容，对 3 200kW 充水式潜水电机进行空载运行试验。

（1）深井充水式潜水电机的总损耗

充水式潜水电机空载试验中额定电压时的输入功率可视作其空载运行时的总损耗，由空载输入功率减去试验温度下的定子绕组损耗，即可得到充水式潜水电机的铁耗与机械损耗之和，可以用式（5-1）表示。

$$P_0' = P_0 - P_{0cu1} = P_0 - I_0^2 R_0 \qquad (5-1)$$

式（5-1）中，P_0'——潜水电机铁耗与机械损耗之和，W；

　　　　　　P_0——潜水电机空载运行的总损耗（空载输入功率），W；

　　　　　　P_{0cu1}——空载试验温度下定子绕组的铜耗 $I_0^2 R_0$ 值，W；

　　　　　　I_0——空载时线电流，A；

　　　　　　R_0——空载试验中每个电压试点对应的定子绕组端电阻，Ω。

式（5-1）中 R_0 的计算方法如下：在每一个电压试验点，测取空载试验端电压 U_0、定子绕组温度 θ_0 和 I_0、P_0，利用定子绕组初始温度 θ_1、初始端电阻 R_1，再由电阻与温度间的关系，可以按式（5-2）求得对应电压点的端电阻 R_0。

$$R_0 = R_1 \frac{K_1 + \theta_0}{K_1 + \theta_1} \qquad (5-2)$$

式（5-2）中，K_1——材料在 0℃ 时电阻温度系数的倒数，铜材料取 235，铝材料取 225。

（2）电机机械损耗的确定

参考《三相异步电动机试验方法》（GB 1032—2005）中相关方法，试验时用 50% 额定电压及以下低电压范围内的 P_0' 对 $(U_0/U_N)^2$ 作曲线，此曲线为一条直线。其延长线与纵坐标轴交于 M 点，其纵坐标值即可认为是机械损耗 P_{mv}，如图 5-1 所示，图中 U_0 表示空载电压，U_N 表示额定电压。针对同一台潜水电机可以认为其机械损耗是恒定的，在不同负载情况下具有相同的值。

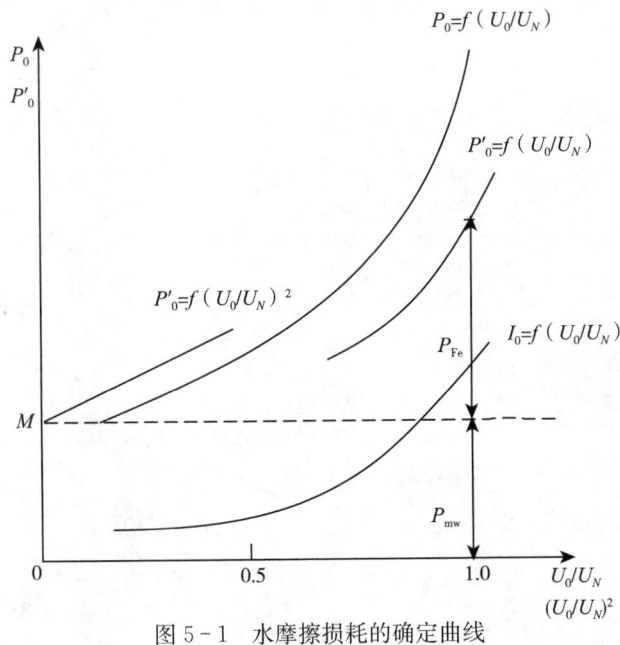

图 5-1　水摩擦损耗的确定曲线

(3) 电机铁耗的确定

在额定频率和额定电压的工况下，铁耗可由式（5-3）表示：

$$P_{\text{Fe}} = P_0' - P_{\text{mw}} \qquad\qquad (5-3)$$

式（5-3）中，P_{Fe}——潜水电机空载铁耗，W；

　　　　　P_{mw}——潜水电机机械损耗，W；

　　　　　P_0'——$U_0/U_N=1$ 时潜水电机铁耗与机械损耗之和，W。

5.2.3　试验结果分析

(1) 试验内容

建立潜水电机空载试验平台，平台示意如图 5-2 所示，将被测电机注入足量的清水，通过试验平台测得额定电压下潜水电机空载输入功率、空载电流和运行温度下定子绕组电阻值，空载输入功率即为潜水

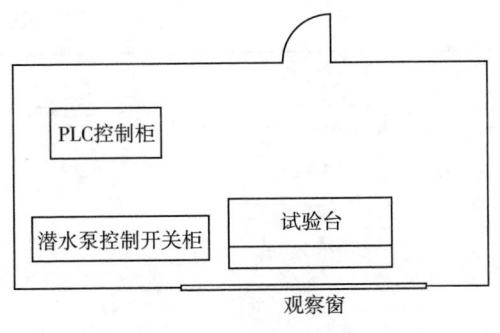

图 5-2　电机空载试验平台示意

电机空载时所有损耗之和，然后使用损耗分离法得出潜水电机各项损耗值，如图-3所示。

图5-3　电机空载试验平台和试验过程

（2）实验结果及分析

根据3 200kW充水式潜水电机的空载试验，获得其各项空载损耗值，如表5-1所示。将空载试验结果与第4章中各损耗计算结果比较，其具有良好的一致性。

表5-1　空载试验数据

试验项目	试验值
定子电阻（60℃）	0.225Ω
空载电流	90A
定子空载铜耗	1.822kW
空载输入功率	139.982kW
铁耗	43.06kW
机械耗损	95.1kW

5.3 深井潜水电机的温升试验

5.3.1 试验目的

电机温升的高低决定着电机绝缘的使用寿命，所以温升试验对于电机质量的保证具有非常重要的作用。电机的温升试验是通过一定的测温方法测量潜水电机在额定工况下运行达到热稳定状态时各发热部件的温度值。深井潜水电机的热稳定状态是指其内部发热源在运行条件不变的情况下，前后1小时内的温度变化不超过1℃时，可将电机视为达到热稳定状态，潜水电机的稳态温升是指电机运行一段时间后达到热稳态时其温度与冷态时的温度之差。

5.3.2 测温原理和方法

(1) 测温原理

物体的冷热程度对外表现为温度，测量物体温度机理是以热交换和测温端物体的物理性质随受热程度的变化而改变这一特性为基础。当测温端物体与被测物体接触时，由于两端温度不同，热量必然从高温端传导至低温端，直至两端受热程度达到一致，即两端达到热平衡状态，这时我们可认为测量端物体的温度与被测端物体的温度是相等的，而我们可以通过观测被测端的物体某些物理性质的变化来判断被测物体的温度变化。目前工程应用较多的测温方法有以下几种：

①利用某些物质的热胀冷缩特性测温。如常用的水银温度计、酒精温度计、双金属片测温计和压力表式温度计。

②利用某些物质的热电效应测温，如常用的热电偶测温计。

③利用某些物质的电阻率随温度变化的性质测温，如常用的电阻温度计。

④利用物体辐射强度随温度变化的特性测温，如常用的红外测温仪。

(2) 潜水电机的温升测量方法

深井充水式潜水电机的温度测量包括测量电机定子铁心、定子绕组、止推轴承及其他发热部件的温度，在电机试验中，常采用温度计法、埋置检温计法、电阻法和埋置热电阻法来测量各发热部件的温度值或测量发热部件的局部温升。

①温度计法。温度计法常用来测量电机表面温度，具有简单、直观的特点。常用的温度计有半导体温度计、膨胀式温度计和热电阻或非埋置热电偶，使用时温度计与被测点紧密接触，要求温度计与被测点之间具有良好的导热，在交流电机测温试验中，不适合使用水银式膨胀温度计，原因是交变的磁场会使水银中产生涡流热量，导致测量数值失真。使用半导体温度计时，要配以专用测温仪表，且使用前需对仪表进行调零。

②埋置检温计法。在潜水电机试验中，常需要测得电机内部某点的局部温度值，这些测温位置在电机制造完成后不易安装测温装置，这种情况需要将感温元件（热电偶元件或热电阻元件）预埋到此测温点，通过引线引至电机外，与电机外专用仪表将温度信号转化成具体温度值，从而测得被测点的温度值，此方法多用于潜水电机功率较大或铁心较长时的定子绕组和铁心温度的测量。在使用此方法时，为提高测量精度，应保证各感温元件的特性和参数相同。

③电阻法。潜水电机的电阻法测温是利用温度变化对物质电导率所引起的改变这一特性来测量部件的温度值，一般金属的电阻值随温度的升高而增加，电阻法的测量结果反映了电机绕组的平均温度，这种方法是一种间接测温法，适用于温度计不能直接触及测量的发热元件的温度测量，若采用此方法对本书所研究的潜水电机定子绕组进行温度测量，仅能得到定子绕组的平均温升值，无法反映电机绕组的局部温升值。

针对电机定子绕组采用铜质导线时，且测温范围在$-50\sim150℃$，其铜质绕组的电阻值与温度满足式（5-4）。

$$\frac{R_1}{R_2} = \frac{235+t_1}{235+t_2} \qquad (5-4)$$

式（5-4）中，R_1——温度t_1时绕组的电阻值，Ω；

R_2——温度t_2时绕组的电阻值，Ω。

在潜水电机试验前，记录环境温度t_1，并测量绕组的电阻值R_1；接入电源运行电机，待潜水电机运行一段时间后，再次测量绕组的电阻值R_2，可用式（5-4）得出绕组温度t_2的表达式（5-5）。

$$t_2 = (235+t_1)\frac{R_2-R_1}{R_1} + t_1 \qquad (5-5)$$

由式（5-4）和式（5-5）可计算得出温升值 $\Delta\theta$ 的表达式（5-6）。

$$\Delta\theta = t_2 - t_0 = (235 + t_1)\frac{R_2 - R_1}{R_1} + t_1 - t_0 \qquad (5-6)$$

式（5-6）中 t_0 为试验测量 R_2 时潜水电机内部冷却水的温度，对于定子绕组采用铝质导线时，需将式中 235 变为 225。

④埋置热电阻法。埋置热电阻法所用的基本原理与热电阻法相同，不同点是埋置热电阻法需要用选定的金属导体或半导体材料制成热电阻测温元件，其电阻值与环境温度值为已知简单函数关系，使用时将这种热电阻测温元件预先埋置于设备中温度测量点，通过热电阻测温元件引出线测量热电阻的电阻值，再根据其电阻值与环增温度值已知的关系函数，便可得知设备中被测点的温度值。一般金属的电阻值与环境温度满足式（5-7）所示关系。

$$R_1 = R_0[1 + \partial(t_1 - t_0)] \qquad (5-7)$$

式（5-7）中，R_1——金属在 t_1 温度时的电阻，Ω；

$\qquad\qquad R_0$——金属在 t_0 温度时的电阻，Ω；

$\qquad\qquad \partial$——电阻温度系数。

埋置热电阻法中使用热电阻具有体积小、性能稳定、测量精度高、热惯性好、可准确测量局部温度等优点，在加装一定防护情况下可适用于不同潮湿、恶劣的环境，在各类温度测量试验中应用最为广泛。根据制成热电阻测温元件材质不同，热电阻测温元件可分为铂、铜、镍、铁、锰、铑等多个种类，其中以铂质热电阻测温元件的测量精度最高，使用最为广泛。

本书在潜水电机内部温度测试中使用了 3 个型号为 WZP-230 的 Pt100 热电阻，其外形如图 5-4 所示。该型号使用最大环境压力 10MPa，测量温度范围为 $-200\sim420℃$，图中 d 值为 16mm，测量精度为：A 级 ±0.15、B 级 ±0.30，可根据测温环境的不同选用不同材质的保护管对其进行封装，适用于相对潮湿、恶劣的环境。

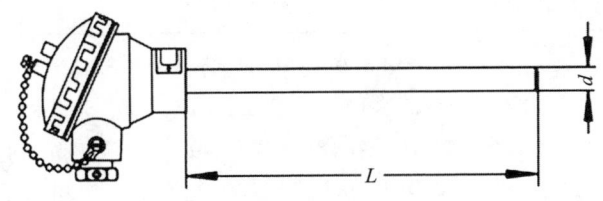

图 5-4 WZP-230 型热电阻外形

5.3.3 试验平台搭建

（1）潜水电泵综合试验平台设计

在深井救灾排水工程中，充水式潜水电机与配套的潜水泵组合使用，必须在一定潜没深度时才可以达到其额定工况点，对其进行现场试验难度较大，且可遇不可求，因此，根据潜水电机试验需要设计深井潜水电机综合试验平台，试验平台结构如图 5-5、图 5-6 所示。此平台设计的关键是在潜水泵出水口加装 10MPa 的手动调节闸阀，泵出水口开有测压孔，用以测得潜水泵出水口压力，试验进行时，通过调节闸阀的开度来控制潜水泵的出水口压力，通过控制潜水泵出水口压力值来调节潜水电泵的不同扬程工况。以模拟潜水电泵排深 800 的工况为例，只需通过调节闸阀，将潜水泵出水口压力控制在 8MPa，潜水电泵便相当于运行在排水深度为 800m 的矿井。

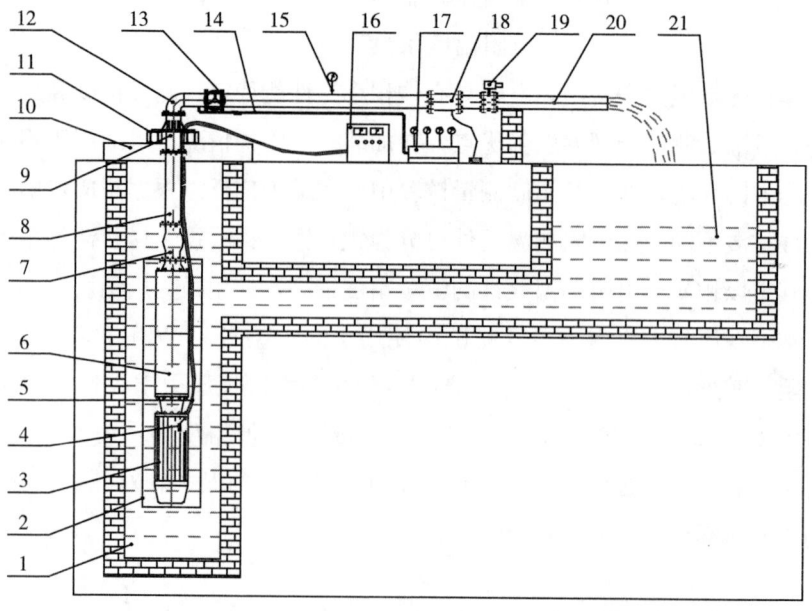

图 5-5　深井潜水电泵综合试验平台示意

1. 竖井井筒　2. 吸水罩　3. 湿式潜水电机　4. 测温元件　5. 电缆　6. 潜水泵　7. 止回阀
8. 排水管　9. 座管　10. 支撑大梁　11. 支撑小梁　12. 90°弯头　13. 手动调节闸阀　14. 压力计管
15. 压力表　16. 测温装置　17. 压力计　18. 流量计　19. 电动闸阀　20. 出水管　21. 回流池

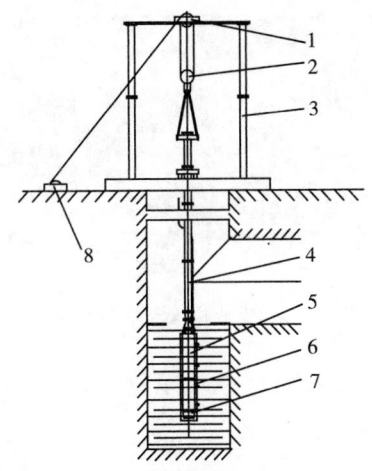

图 5-6 潜水电机试验安装结构示意

1. 地面吊装结构 2. 滑轮 3. 支撑结构 4. 高强管路 5. 潜水电泵（上泵下机安装）

6. 吸水罩 7. 孔状滤网 8. 地面绞车

（2）设备仪器

深井潜水电泵综合试验平台设备仪器及相关型号清单如表 5-2 所示。设计研发的深井潜水电泵综合试验平台实物如图 5-7 所示。

表 5-2 试验平台设备仪器清单

名称	规格型号	精度
涡轮流量计	LWGY-300	0.5
电流互感器	LQJ-10	0.2
电压互感器	JDZ2～6	0.2
热电阻	PT100	0.2
电压表	D26-V	0.4
压力表	YB-150A（0～10）MPa	0.5
电流表	D26-A	0.5
温度测量仪	LR6 000C	±0.5℃
功率表	D26-W	0.2
手动调节闸阀	DN325/10 MPa	
耐压试验仪	LK2 674C	
试验变压器	1 000kVA	
电动机经济运行测试仪	DJYC	1.0

图 5 - 7　潜水电泵综合试验平台

试验进行时，被试验潜水电机与配套潜水泵连接，构成潜水电泵，潜水电泵外加吸水罩，通过排水管、座管和支撑梁吊装于地面井筒内，在潜水泵出口处装手动闸阀，手动闸阀前端装压力计，用于控制潜水电泵的出口压力。出口管中上装压力表、流量计、电磁调节阀等，用于测量潜水电泵的流量。充水潜水电机内腔中装有 3 个铂电阻测温元件，其中 2 个分别位于潜水电机定子两部的齿根部，另有 1 个位于止推轴承端面附近，3 个测温元件均与地面的温度显示器相连，用于实时显示测量点的温度值。试验进行时，通过调节手动闸阀的开度来控制潜水电泵出水口压力，以此来实现潜水电泵运行工况的调节。在测量 3 200kW 充水式潜水电机额定工况下所测点温度值时，通过调节手动闸阀的开度将潜水电泵的出口压力稳定在 8.1MPa，潜水电泵相当于工作在扬程为 810m 的额定工况点，以此方式实现潜水电机的深井运行模式（图 5 - 8）。被测电机参数如表 5 - 3 所示。

表 5 - 3　3 200kW 深井潜水电泵系统参数

潜水电泵	参数	参数值
潜水电机	额定功率	3 200kW
	额定电压	10 000V
	定子内径	423mm
	转子外径	417mm
	配套循环水轮	流量 40m³/h，扬程 10m，水轮后盖板带泄流孔
	气隙高度	3mm
	设计温升	环境温度 40℃时，温升不超过 40℃
多级潜水泵	额定扬程	810m
	额定流量	1 000m³/h
	吸水方式	双吸水口

图 5-8　潜水电泵试验过程及数据记录

5.3.4　试验结果分析

通过试验获得 MKQ3200-1000/810 潜水电机定子气隙进出口处温度值和止推轴承温度值如表 5-4 所示。测温显示装置如图 5-9 所示。获得 MKQ3200-1000/810 潜水电泵系统综合性能曲线如图 5-10 所示。试验结果为第 4 章仿真结果的验证提供了依据，通过试验证明了本书研究方法的正确性和研究结果的有效性。

表 5-4　MKQ3200-1000/810 潜水电泵试验数据

扬程/m	流量/(m³/h)	进口温度/℃	出口温度/℃	止推轴承温度/℃
745	1 236.5	55.6	59.0	72.1
767	1 181.7	55.6	59.1	72.3
785	1 130.9	55.6	59.0	72.3
796	1 095.7	55.4	58.9	72.2
806	1 056.5	55.4	58.8	72.2
816	1 017.4	55.3	58.8	72.1
826	982.17	55.3	58.8	72.2
836	954.78	55.4	58.8	72.1
847	915.65	55.3	58.7	72.2
867	798.26	55.2	58.7	72.3

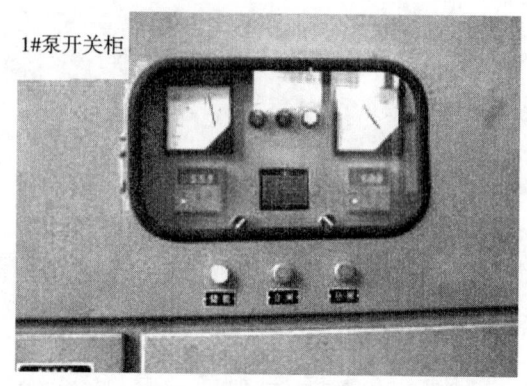

图 5 - 9　3200kW 潜水电机温度试验值

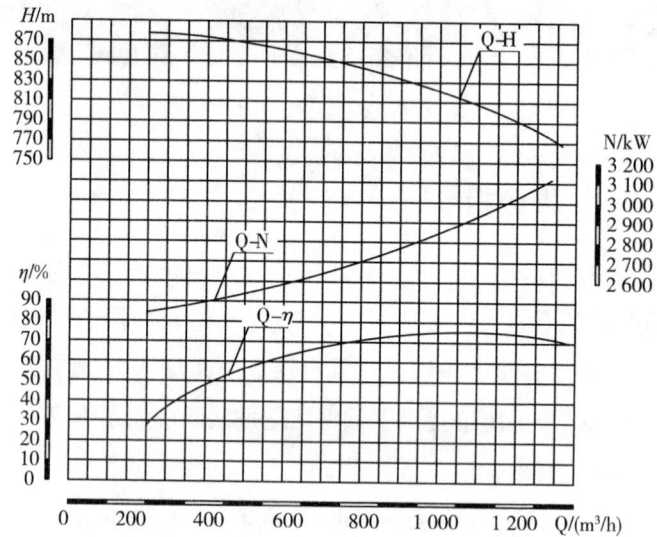

图 5 - 10　MKQ3200 - 1000/810 潜水电泵系统综合性能曲线

5.4　深井潜水电机的绝缘性能试验

5.4.1　试验目的

　　深井潜水电机多用于矿山抢险排水工程中，其应用时长期潜没于矿井水中运行，随着潜没深度的不断增加，引出线缆所承受的水压随之加大，加之深井潜水电机具运行功率大、电压等级高等特点，在工程应用中常出现电机线缆绝缘击穿问题，特别是在潜水电机线缆接头等薄弱环节，一旦电机线缆被击穿，将直接导致电机停机，进而造成矿山抢险排水系统瘫痪，最终将致使抢险排水工程失败。因此，在潜水电机工程应用之前对其线缆进行绝缘性能试验，可以检查电机线缆并及时发现局部缺陷，最大限度地保证潜水电机的运行安全性。本节分析了深井潜水电机的绝缘失效机理和设计了潜水电机绝缘性能试验方案，通过试验检验了深井潜水电机线缆和电机接头等薄弱部位的耐电压、接头耐水压和对地及相间绝缘电阻达标情况。

5.4.2 试验方法

潜水电机的绝缘性能的检验是潜水电机出厂应用前必须要进行的检验项目，本节通过其工频耐压试验、线缆接头耐水压试验、潜水电机各相对地绝缘电阻测量和潜水电机相间绝缘电阻测量的结论来表征潜水电机的绝缘性能。

(1) 工频耐压试验

潜水电机线缆和线缆接头部分浸水时间不小于24h，试验电压要求为正弦波形，电压频率为50Hz，电压有效值为25 000V，要求电机线缆能承受1min的耐压试验而不发生击穿，试验后放电。

Q3-V静电电压表是一款测量范围0~30kV，准确度能达到1.5%，0~7.5~15~30kV，额定频率：20Hz~5MHz，如图5-11所示。

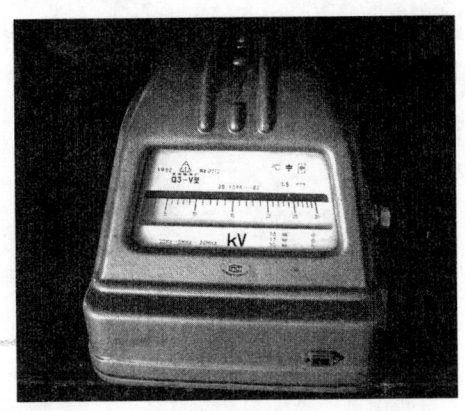

图5-11　Q3-V静电电压表

耐压测试仪，型号：LK2674C、输出电压0~30kV（AC/DC），漏电流范围0~2/10mA（AC/DC），准确度±5%，使用环境0~40℃，相对湿度≤75%RH，如图5-12所示。

图 5 - 12　LK2 674C 耐电压测试仪

（2）接头耐水压试验

将连接好的电机线缆浸泡在实验水池中，电机线缆接头部位放置于特制的加压容器中，容器中加 10MPa 压力，模拟 1 000m 水深处的水压，浸泡时间不小于 24h，要求电机线缆接头绝缘完好，无泄露情况，符合正常使用要求。

（3）绝缘电阻测量

若电机各相绕组分别有出线端引出时，应分别测量各绕组对地及各绕组之间的绝缘电阻。目前最常用的兆欧表为手摇兆欧表，其内有一手摇发电机，发电机发出的电压与转速有关。因此，为了维持施加在被测设备上的电压不变，使用时应按照兆欧表的规定转速均匀地摇动兆欧表把手，待指针稳定后读取兆欧表显示的数值。

根据国家标准规定，电机绕组的绝缘电阻在热态时，应不低于式（5-8）所确定的数值。

$$R = \frac{U_N}{1\,000 + \dfrac{P_N}{100}} \qquad (5-8)$$

式（5-8）中，U_N——电机绕组的额定电压，V；

P_N——电机的额定功率，kW。

兆欧表的选用须以电动机绕组的额定电压值为根据，按表 5-5 选用兆欧表。

表 5 - 5　兆欧表的选择

电动机绕组额定电压 U	兆欧表规格/V
$U \leqslant 500$	500
$500 < U \leqslant 3\ 300$	1 000
$U > 3\ 300$	$\geqslant 2\ 500$

测量时的接线方法如图 5 - 13 所示。兆欧表接线柱 E 接电缆外壳，接线柱 L 接电缆线芯，摇动兆欧表手柄，120r/min 左右，1min 后读取数值，测量结果是电缆线芯与外壳的绝缘电阻值，测量电缆对地的绝缘电阻时需要用到 G 端接电缆屏蔽层。

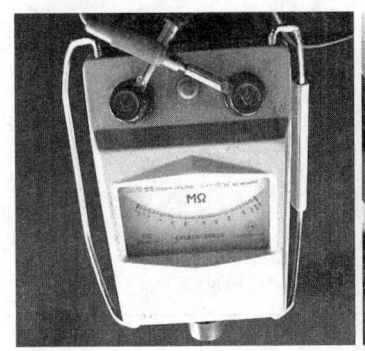

图 5 - 13　测量绝缘电阻

在使用兆欧表测量潜水电机线缆的绝缘电阻前要检查兆欧表是否处于完好状态，检查方法是将 E 线和 L 处于开路状态，轻摇兆欧表手柄，查看指针是否稳定在"∞"位置；再将 E 线和 L 处接通，轻摇兆欧表手柄，查看指针是否稳定在"0"位置，如果是则说明兆欧表状态良好，不是则说明兆欧表存在误差。

5.4.3　试验结果分析

针对本书研究的 3 200kW 深井充水式潜水电机按上述方法进行绝缘性能试验，试验结果如表 5 - 6 所示。通过分析可知潜水电机样机各项结果均满足安全运行要求。

表 5-6　深井潜水电机绝缘性能试验结果

检测项目	技术要求	试验结果	结论
工频耐压试验	潜水电机线缆和线缆接头部分浸水时间不小于 24h，试验电压要求为正弦波形，电压频率为 50Hz，电压有效值为 25 000V，要求电机线缆能承受为时 1min 的耐压试验而不发生击穿，试验后放电	A 相对地 25 000V 无击穿 B 相对地 25 000V 无击穿 C 相对地 25 000V 无击穿 AB 相间 25 000V 无击穿 BC 相间 25 000V 无击穿 AC 相间 25 000V 无击穿	合格
接头水压试验	要求潜水电机线缆接头部位浸入加压装置，施加 10 MPa 的压力，保压 24h，要求电机线缆接头绝缘完好无泄露	电机线缆接头绝缘完好无损，经测量无泄露情况	合格
对地绝缘电阻	要求潜水电机整机浸水不少于 24h，用兆欧表测潜水电机各相对地绝缘电阻值，其最小值应不小于 500MΩ	A 相对地 2 500MΩ B 相对地 2 500MΩ C 相对地 2 500MΩ	合格
相间绝缘电阻	要求潜水电机整机浸水不少于 24h，用兆欧表测潜水电机相间绝缘电阻值，其值应不小于 500MΩ	AB 相间 25 000V 无击穿 BC 相间 25 000V 无击穿 AC 相间 25 000V 无击穿	合格

5.5　深井潜水电机的工程应用

以华东某煤矿掘进工作面突发水灾害事故为例，矿井突水点最大涌水量约 3 000m³/h，矿井积水量约 330×10⁴ m³。此矿井为多水平开采矿井，第一水平标高为 −520m，第二水平标高为 −830m。

此矿井救灾复矿排水工程中，在主井、副井分别安装了多套大功率深井救灾排水系统，其中副井为竖井，在井口布置了 3 套深井救灾排水系统，2 600kW 潜水电泵排水系统两套，用于将矿井水排至 −600m 左右，完成任务后开启 3 200kW 潜水电泵排水系统与主井中救灾排水系统一同继续将矿井水排至理想高度，然后进行堵水并恢复矿井生产排水系统。图 5-14 为矿井井口布置图。图 5-15 为救灾排水工程中 3 套排水装备井口布置现场图。

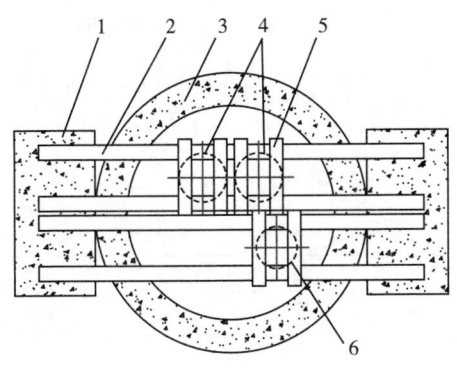

图 5-14　排水装备井口布置

1. 支撑地基　2. 支撑地梁　3. 矿井井口　4. 3 200kW 潜水电泵

5. 支撑小梁　6. 2 600kW 潜水电泵

图 5-15　排水装备井口布置现场

此救灾排水工程持续近 5 个月，工程中通过埋置热电阻的方法对 3 200kW潜水电机定子上端温度进行了测量，并做详细记录，潜水电机绕组采用交联聚乙烯型绝缘材料，按照电机绝缘安全标准要求，潜水电机运行时最高温度不得超过 80℃，由救灾排水工程中 3 200kW 潜水电机定子温度记录图 5-16 可知，潜水电机在运行过程中定子温度始终没超过 60℃，符合电机绕组安全运行要求。

排水工程结束后对潜水电机线缆的绝缘电阻进行了测量，电缆湿态测量值为 1 600MΩ，电缆干态测量值为 2 500MΩ，电机止推轴承损伤正常，电机内部水质正常，机械密封符合设计要求。

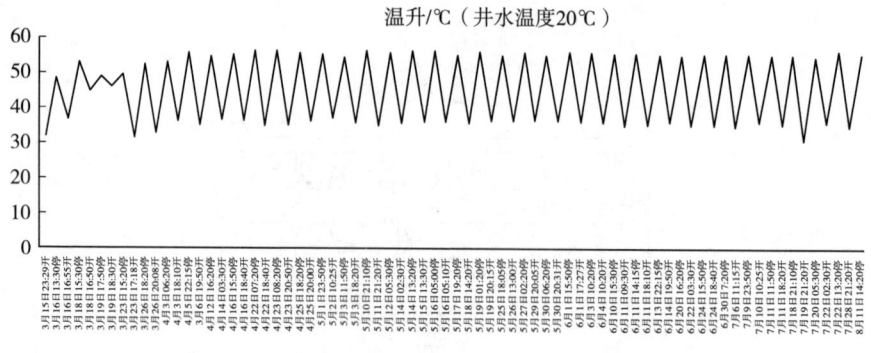

图 5-16　救灾排水工程中 3 200kW 潜水电机定子温度记录

5.6　本章小节

　　本章针对 3 200kW 深井潜水电机进行了空载运行试验，测得了潜水电机的铁耗和机械损耗，与第 4 章中电机铁耗和机械损耗且有良好的一致性。搭建了深井潜水电机地面综合试验平台，试验平台的设计关键是在潜水电泵出水口加装了 10MPa 的手动控制闸阀，并在潜水电泵出水口开有测压孔，用于测量潜水电泵出水口压力，通过调节手动闸阀的开度来控制潜水电泵的出水口压力，以此来实现潜水电泵运行工况的调节，通过此试验平台测得 3 200kW 潜水电机额定工况下运行时内部关键部位温度值，其中测量的温度数据为判断有限元分析结论的正确性提供了依据。对充水式潜水电机线缆绝缘进行工频耐压试验、线缆接头耐水压试验、各相对地绝缘电阻测量和相间绝缘电阻测量，评判了潜水电机的绝缘性能。最后结合深井救灾排水工程，介绍了本书研究的深井充水式潜水电机的工程应用情况。

6 深井充水式潜水电机相似理论研究

6.1 引言

本书研究的深井充水式潜水电机内部流体的流动和换热过程是一个极为复杂的物理现象，通过对潜水电机的流场、温度场的分析和温升试验的研究，对潜水电机的温升过程有了真实、直观的认识，并获取了较为可靠的数据、结论和规律。但在工程实践中我们对深井潜水电机这样的大型设备进行全尺寸样机试验费用较大，而且一般试验只能得出单个物理量之间的关系，试验得出的结论往往只能用以指导试验条件完全相同的物理现象，难以揭示现象本质，不具有普遍指导意义[128][129][130]。因此，有必要借助相似理论对深井潜水电机内的流体流动和换热过程进行研究，旨在得到具有指导同类相似产品设计和指导模型试验的结论。本章以相似理论为基础，在建立深井潜水电机内的流体流动微分方程的基础上，利用方程分析方法，得出充水式潜水电机内流体流动和对流换热的相似准则，利用相似准则将已得出的试验结论推广应用于其他相似现象，并介绍了相似准则在指导同类新产品设计、模型试验和试验数据整理方面的应用，为同类其他型号充水式潜水电机的设计和试验提供有益的指导和借鉴，同时为其他电机的冷却结构设计和试验提供理论基础。

6.2 相似理论

相似的概念最早源自几何学中的图形相似，相似理论经过多年的发展，已经形成一门完善的学科，在一些复杂的工程技术问题中，诸如传热学、流体力学和传质学等以试验为基础的理论方面的研究意义重大。相似理论研究的重要意义在于其把个别试验结论推广应用于同类相似现象群中的其他现象，从而拓宽已获得试验结论的应用范围。在应用中以相似理论研究为基础，将所研究物理现象的所有物理量归纳成若干个无量纲的相似准则，然后将所归纳出的无量纲相似准则看作一个整体，来研究各物理量之间的相互关系，将有量纲的偏微分方程转化成无量纲的常微分方程，以便于求解。

各种物理现象的相似首先应满足几何相似条件，针对充水式潜水电机内流体流动相似和对流换热相似研究过程涉及几何相似、运动相似、流体力学相似等概念，因此，有必要对相似理论及其所涉及的主要相似概念、相似定理和相似准则的推导方法做详细阐述和总结。

6.2.1 相似理论中的基本概念

自然界中的相似有很多种，本书根据潜水电机热相似研究中所涉及的内容，重点介绍几何相似、物理现象相似和热相似。

(1) 几何相似

相似的概念最早是指几何学中的图形相似，也就是大家熟知的几何相似，若两个物体或几何图形各部分对应成比例，我们将这些物体或几何图形称作几何相似。在几何学中，我们常能遇到各种形状相似的几何图形，下面以最简单的三角形相似来阐述几何相似中的相关概念。

如图 6-1 中所示的 3 个三角形（a）、（b）、（c）彼此相似，3 个三角形的 3 条边和 3 个角度均对应成比例。

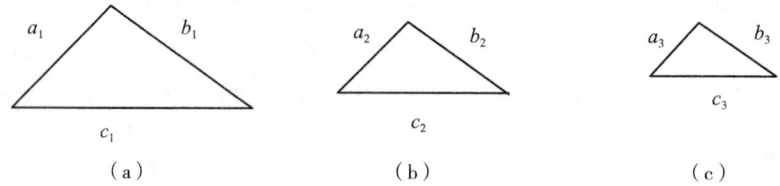

（a）   （b）   （c）

图 6-1　几何相似三角形

对于三角形（a）和（b），由三角形相似性质可得

$$\frac{a_1}{a_2} = \frac{b_1}{b_2} = \frac{c_1}{c_2} = \lambda_{l12} \tag{6-1}$$

对于三角形（a）和（c），同样可得

$$\frac{a_1}{a_3} = \frac{b_1}{b_3} = \frac{c_1}{c_3} = \lambda_{l13} \qquad (6-2)$$

以三角形（a）为原三角形，由式（6-1）和式（6-2）可知，三角形（b）的各边分别为三角形（a）对应边的缩小 $1/\lambda_{l12}$ 倍，三角形（b）的各边分别为三角形（a）对应边的缩小 $1/\lambda_{l13}$ 倍，三角形（b）和（c）虽与三角形（a）的大小不等，但与原三角形（a）相似，λ_{l12} 和 λ_{l13} 称为相似常数，相似常数是同类量的比值，是无量纲数。

针对几何相似图形，根据相似的性质，亦可得出三角形对应边的相对长度相等，可表述为

$$\frac{b_1}{a_1} = \frac{b_2}{a_2} = \frac{c_3}{a_3} = \lambda_{lab} \qquad (6-3)$$

$$\frac{c_1}{a_1} = \frac{c_2}{a_2} = \frac{c_3}{a_3} = \lambda_{lac} \qquad (6-4)$$

式中 λ_{lab} 和 λ_{lac} 称作三角形 b 边和 c 边的相似定数，相似常数和相似定数是相似理论中的两个重要基本概念，由以上分析可知，针对不同的两个相似三角形，其相似常数不同，但相似定数的值相等，相似定数对于相似群中所有相似现象的相同部位均具有相同值，因此，相似定数比相似常数更能反映相似的本质。

（2）物理量相似

假设两个相似物理现象中对应时间或空间节点上的任意一个物理量可用 A_1、A_2、A_3……和 A'_1、A'_2、A'_3……表示，则可得如下关系式：

$$\frac{A_1}{A'_1} = \frac{A_2}{A'_2} = \frac{A_3}{A'_3}\cdots\cdots = C_A = 常数 \qquad (6-5)$$

式中，A 可以用来表示速度、加速度、动力、时间、温度等多种物理量，我们研究物理现象相似时，可以将所研究的物理现象分解为空间上的几何相似，这样便将复杂的物理现象的相似转变成简单的几何相似。

（3）物理现象相似

物理现象均可以由各种基本物理量来描述，物理量的相似是物理现象相似的基础。若两个物理现象的相似既满足能用相同物理量的数学模型来表述，又满足现象之间具有相同的内容和性质，我们称这相似为"同类相似"；

若两物理现象只是可以用相同数学形式来表述，但表述两物理现象的物理量不同，我们将这样的物理现象称作"异类相似"。如本书所研究的潜水电机导热现象与水扩散现象可以用相同的微分方程组和边界条件来表述，但我们不可说这两个现象相似，只能说这两个现象类似。本书所研究的物理现象相似均为物理现象。

本章以流体流动中的质点 A 和质点 B 的相似运动为例来阐述物理现象相似应满足的条件，假设质点 A 和质点 B 的运动轨迹如图 6-2 所示。

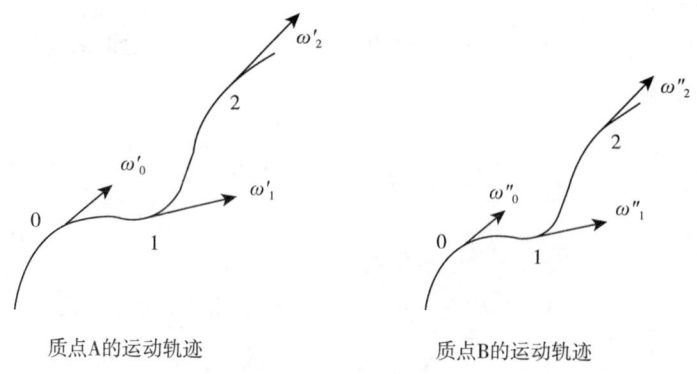

图 6-2　相似运动示意

①几何相似。几何相似是所有物理现象相似的前提，已知流体流动中 A、B 两质点的运动相似，几何相似表现为两质点 A、B 运动轨迹的相似，如图 6-2 所示。可表达为：

$$\frac{l}{l'} = C_l = 常数 \qquad (6-6)$$

②时间相似。时间相似是指相似现象中相似状态之间所对应的时间间隔成比例，如图 6-2 所示，A、B 两质点从对应的 0 点位置运动至 1 点位置所需的时间分别为 t_1 和 t_1'；A、B 两质点由对应的 1 点位置运动至 2 点位置所需的时间分别为 t_2 和 t_2'；A、B 两质点运动过程中的时间相似表达为：

$$\frac{t_1}{t_1'} = \frac{t_2}{t_2'} = C_T = 常数 \qquad (6-7)$$

③运动相似。运动相似可表述为在几何相似的基础上，物质运动过程中的速度和加速度的几何相似。

速度相似表现为运动时各对应点、对应时刻上的速度向量方向一致，且大小成比例，A、B 两质点运动过程中对应 0 点、1 点和 2 点处对应的切向速度分别为 v_0、v_1、v_2 和 v'_0、v'_1 和 v'_2，A、B 两质点运动过程中的速度相似表达为：

$$\frac{v_0}{v'_0} = \frac{v_1}{v'_1} = \frac{v_2}{v'_2} = C_v = 常数 \tag{6-8}$$

加速度相似可表达为：

$$\frac{\mathrm{d}v_0}{\mathrm{d}v'_0} = \frac{\mathrm{d}v_1}{\mathrm{d}v'_1} = \frac{\mathrm{d}v_2}{\mathrm{d}v'_2} = C_a = 常数 \tag{6-9}$$

在 A、B 两质点运动过程中，其速度满足如下关系式：

$$v = \frac{\mathrm{d}l}{\mathrm{d}t} \tag{6-10}$$

$$v' = \frac{\mathrm{d}l'}{\mathrm{d}t'} \tag{6-11}$$

综合式（6-6）、式（6-7）、式（6-8）、式（6-10）可得

$$\frac{C_v C_T}{C_l} v' = \frac{\mathrm{d}l'}{\mathrm{d}t'} \tag{6-12}$$

对比式（6-11）和式（6-12）可得

$$\frac{C_v C_T}{C_l} = 1 \tag{6-13}$$

式（6-13）称作质点 A、B 运动的"相似指标"，相似指标用来表征两质点运动相似的特征，其值恒等于 1。

④动力相似。动力相似的条件可表述为："两个现象同时满足几何相似、时间相似和质量相似的前提下，对应点所受力的方向一致且大小成比例。"即两物体在受相似力的作用下发生相似的运动，其对应各节点上物理量均成比例。

任何受力的物体均应满足牛顿第二定律：

$$F = ma = m\frac{\mathrm{d}v}{\mathrm{d}t} \tag{6-14}$$

对于质点 A，其质量为 m，满足式（6-15）：

$$F = m\frac{\mathrm{d}v}{\mathrm{d}t} \tag{6-15}$$

对于质点 B，其质量为 m'，满足式（6-16）：

$$F' = m' \frac{\mathrm{d}v'}{\mathrm{d}t'} \qquad (6-16)$$

由于两质点动力相似，则满足式（6-17）：

$$\begin{cases} F = C_F F' & m = C_m m' \\ v = C_v v' & t = C_T t' \end{cases} \qquad (6-17)$$

将式（6-17）代入式（6-15）整理可得式（6-18）：

$$\frac{C_F C_T}{C_m C_v} F' = m' \frac{\mathrm{d}v'}{\mathrm{d}t'} \qquad (6-18)$$

对比式（6-16）和式（6-18）可得式（6-19）：

$$\frac{C_F C_T}{C_m C_v} = 1 \qquad (6-19)$$

式（6-19）表征两质点动力相似的基本特征，其具有恒定值 1。

从式（6-13）和式（6-19）的结论可知，物理现象相似时，其相应时间或空间节点的部分对应成比例，且"相似指标"恒等于 1。

6.2.2　相似定理

研究相似理论及其应用，必须首先了解相似三定理[131-134]，相似三定理揭示了物理现象相似的本质，其核心意义在于指导同类产品的设计和试验数据的处理与推广应用。本节重点介绍相似三定理的概念。

（1）相似第一定理

相似第一定理可做如下表述："对于相似的现象，每个相似指标恒等于 1。"相似第一定理揭示了物理现象彼此相似的性质。

由相似第一定理可知，相似的物理现象可以用相同形式表述，研究相似群中任何一个物理现象所得结论均可以推广应用于相似群中其他物理现象；由相似准则可知，物理现象相似是由哪些物理量所决定，在进行试验时必须要测定相似准则中所包含的所有物理量，以便于研究物理现象本质。

（2）相似第二定理

根据量纲理论可知，以任何一种绝对单位制写出的方程，都能够转变为方程中所有物理量组成的相似准则和简单数群之间的关系，也就是说把量纲方程转换成由无量纲相似准则组成的准则方程。

相似第二定理也称作 π 定理，π 定理定义是：若一物理现象可由 n 个物理量表述其性质，这些物理量中含有 k 个量纲独立的基本量，该物理现象可由式（6-20）表达，其中 $n-k$ 个量纲非独立量可以由 k 个量纲独立量的方程式表达。

$$f(a_1, a_2, \cdots, a_k, b_{k+1}, b_{k+2}, \cdots, b_n) = 0 \qquad (6-20)$$

式（6-20）中，a_1，a_2，$\cdots$，a_k——量纲独立量；

$\qquad\qquad b_{k+1}$，b_{k+2}，$\cdots$，b_n——量纲非独立量，可由量纲独立量来表示。

根据物理现象方程齐次定律，可将量纲齐次的式（6-20）变换成无量纲准则关系式（6-21）。

$$f(\pi_1, \pi_2, \cdots, \pi_{n-k}) = 0 \qquad (6-21)$$

式（6-21）中 π_1，π_2，$\cdots$，π_{n-k} 为相似准则，此式说明物理现象中的 n 个物理量可由 $n-k$ 个相似准则 π_1，π_2，$\cdots$，π_{n-k} 之间的函数关系来表达。

相似第二定理的意义：针对一些简单的物理现象，容易通过数学建模得到其数学表达式，这时我们可以直接将该物理现象的数学表达式变换成相似准则方程来研究；而自然界中多数物理现象具有复杂性，不易通过数学建模的方法得到其数学表达式，这种情况可以通过 π 定理导出该物理现象的相似准则，再进行研究，也可以通过试验方式建立相似准则间的函数关系。用相似准则方程来处理试验得到的数据可以将实验所得到的结论推广应用于同类相似现象中。

（3）相似第三定理

相似第三定理可描述为：针对满足单值量分别相似的同类物理现象，若由这些单值量所构成的相似准则具有相等的值，可得出这些物理现象相似。其中单值条件包括空间几何条件、物理条件、初始条件和边界条件。

相似准则具有相同的值无法直接得出物理现象的相似，相似第三定理增加了单值量相似作为补充条件，保证了同类物理现象的相似，是同类物理现象相似的充分必要条件，同时也是相似产品设计和模型试验应遵循的原则。

现实应用中，针对一些单值条件难以确定的复杂物理现象，或是难以得到相似原型与模型间的相似准则，这时相似第三定理的使用范围受到了限制。在相似第二定理中，同样会遇到 π 项中的量不包含现象的单值条件或物理量的选择有误的情况，导致相似第二定理失效。这时我们可以利用试验的方法，将影响试验结果的条件分为主要条件和次要条件，尽可能保证主要条件间的相似，然后通过试验方法对近似相似的物理现象进行分析。

（4）总结

相似三定理是相似理论研究的基础，相似三定理的实用意义在于对已得试验数据的分析、推广以及对相似结构产品设计提供借鉴。相似三定理分别回答了如下问题：①物理现象相似所具有的性质，表征现象相似的物理量有哪些（试验中应测的物理量）以及这些物理量在时间和空间上的对应关系；②如何导出相似准则或如何整理试验数据并将相似现象群中个别研究数据推广至所有其他相似现象；③说明物理现象相似的充分必要条件即几何相似的同类物理现象，现象中具有单值量的个数和名称均相同，且同名单值量在对应的时间和空间上都保持一定的比例关系，则称此同类物理现象相似。

6.2.3　相似准则的推导方法

当我们运用相似理论进行相似产品设计或进行模型试验时，必须要以相似准则作为依据，常用的相似准则导出方法[135-136]有：方程分析法、量纲分析法、试验分析法和定律分析法。理论上讲，针对同一组相似现象，无论采用哪种分析方法，均可以得到相同的结果，不同的是每种方法对物理现象的数学描述不同，下面对以上 4 种分析方法的特点做简要介绍。

（1）方程分析法

方程分析法是针对数学模型已经建立的物理现象，即已知物理现象的数理方程和现象中全部单值条件，这里所说的数理方程包括微分方程、积分方程和微-积分方程，通过方程式的积分类比或相似转移导出相似准则。此种分析方法的优点：分析过程清晰、明确、严密、可靠，最能反映相似物理现象的本质，同时方便比较和校验。缺点：①某些复杂物理现象建立数学模型时需深入分析所研究物理现象机理，且费时费力，针对特别复杂的物理现象甚至无法建立其数学模型，限制了此方法的使用；②建立数学模型后，可能会出现运算方面的困难，导致无法得出方程的解，或是只能在做一系列简化情况下找出近似解，此时需用量纲分析法找出相似准则。

（2）量纲分析法

量纲分析法又称因次分析法，量纲是反映物理现象本质的一种性质，如温度、长度、质量、时间等单位量。量纲分析法是基于方程量纲齐次理论，相似第二定律的导出也是基于这一理论。量纲分析法的优点是，在进行分析时不需要建立物理现象的数学模型，甚至不需完全了解物理现象的机理，特别适用于复杂物理现象相似准则的导出，应用面广泛。其基本步骤如下：

①找出与所研究物理量相关的独立物理量 x_1、x_2、$\cdots$、x_n，再确定出一个或多个非独立研究参数 x，并列出这些参数的表达式：

$$x = f(x_1, x_2, \cdots, x_n) \qquad (6-22)$$

或

$$f(x, x_1, x_2, \cdots, x_n) = 0 \qquad (6-23)$$

②写出 π 项表达式：

$$\pi = x^a x_1^b x_2^c \cdots\cdots \qquad (6-24)$$

③写出 x_1、x_2、$\cdots$、x_n 的基本量纲，把各 x_1、x_2、$\cdots$、x_n 的量纲代入式（6-24），得出量纲表达式。

④根据物理现象方程量纲齐次原理，联立指数 a、b、c $\cdots\cdots$的方程组，解出指数 a、b、c $\cdots\cdots$的值。

⑤写出描述该物理现象的 $n-k$ 个相似准则。

（3）试验分析法

对一些极为复杂的物理现象或物理过程进行研究时，很多时候只能采有试验的方法来导出其相似准则方程，即对试验所得数据进行处理，整理出相似准则方程。理论上讲，通过试验方法所得出的准则方程和由其他方法所得出的准则方程具有相同的形式和数值，同样可以推广应用于相似现象群中其他物理现象。试验方法导出准则方程的具体步骤总结如下：

①根据所研究物理现象设计试验方案和试验内容，通过试验测量与相似准则相关的所有物理量数据。

②对试验所得数据进行整理，得出相似准则及它们之间的关系，并以对数坐标形式表达出来，最后通过数据拟合的方法得出描述物理现象的经验方程。

此方法亦具有一定局限性：

①运用试验方法获取相似准则方程时，实验工作量随相似准则数的增加呈指数形式增加，所研究物理现象的相似准则数不宜多于 3 个，限制了这种

方法的应用范围。

②在对试验数据进行处理导出相似准则时，为了提高所得经验方程的准确性，常需要对试验数据进行分段处理，得到不同的经验表达方程，最终将相似准则表达成分段函数的形式，在具体使用时需要根据已定相似准则的范围选取相对应的公式，给使用上带来诸多不便。

（4）定律分析法

在使用定律分析法研究物理现象相似时，要求人们熟知全部的物理定律，利用此种方法导出相似准则的前提是所研究的物理现象必须满足已知物理定律，而且需要正确地选用物理定律方可最终解决问题，比较适用于一些简单物理现象的研究。此方法首先需要研究者针对所研究物理现象的机理，选取一些可能适用于该现象的物理定律，并做出必要简化或假设，然后通过试验的方式验证所选定律对所研究物理现象的适用程度，直至找出所研究物理现象适用的全部物理定律。此种方法的缺点是无法完全了解物理现象的内在联系，针对完全不熟悉的物理现象往往需要多次反复进行研究，使用上存在诸多不便。

（5）总结

综上所述，导出物理现象的相似准则常用的方程分析法、量纲分析法、试验分析法和定律分析法各有其优点和局限性，在对特别复杂的物理现象或物理过程进行分析时不排除将这些分析方法结合起来使用的可能性。

6.3 充水式潜水电机相似准则

热相似是指流体场和温度场的相似，它规定了在几何相似和动力学相似的系统中实现热相似的条件。热相似也可表述为：在任何时间和空间节点上，与热现象相关的所有单值量均对应成比例，这些比值即为相似常数，且这些相似常数之间存在某种关系，这些关系即为相似准则。本节在建立的充水式潜水电机运动微分方程和能量微分方程的基础上，利用方程分析法导出其热相似准则，并讨论了热相似准则在同类产品设计和模型试验中的指导意义。

6.3.1 相似准则推导

由对流换热的机理和相似理论的必要充分条件可知，充水式潜水电机内部热相似的前提是其流体速度场相似和内部温度场相似，即流体流动相似和对流换热相似。接下来分析电机内流动相似条件和对流换热相似条件并导出其对应相似准则。

（1）流动相似准则

根据相似三定理中所规定的相似条件，在研究充水式潜水电机流体流动相似过程中，将描述潜水电机对流换热微分方程组中各方程式做相似转化，得到决定潜水电机流体流动的相似准则。下面首先推导不可压缩黏性流体稳态流动时相似的必要充分条件。

假定所研究两台充水式潜水电机的冷却结构满足几何相似条件，即冷却流道在空间上对应成比例。内部冷却液体在驱动泵轮的作用下沿冷却通道表面受迫流动，为简化研究过程，本节以流体的二维微分方程为研究对象进行相似分析。建立潜水电机内部黏性不可压流体稳态运动微分方程式。

$$\rho' \left(u_x' \frac{\partial u_x'}{\partial x'} + u_y' \frac{\partial u_y'}{\partial y'} \right) = -\frac{\partial p'}{\partial x'} + \eta' \left(\frac{\partial^2 u_x'}{\partial x'^2} + \frac{\partial^2 u_x'}{\partial y'^2} \right) \quad (6-25)$$

$$\rho'' \left(u_x'' \frac{\partial u_x''}{\partial x''} + u_y'' \frac{\partial u_x'}{\partial y'} \right) = -\frac{\partial p''}{\partial x''} + \eta'' \left(\frac{\partial^2 u_x''}{\partial x''^2} + \frac{\partial^2 u_x'}{\partial y'^2} \right)$$

$$(6-26)$$

式（6-25）和式（6-26）分别表示两台充水式潜水电机流体运动微分方程，若两电机流体流动相似，其单值量必然有式（6-27）所示关系。

$$\left. \begin{array}{l} \dfrac{u_x''}{u_x'} = \dfrac{u_y''}{u_y'} = \dfrac{u''}{u'} = c_u \\[2mm] \dfrac{x''}{x'} = \dfrac{y''}{y'} = \dfrac{l''}{l'} = c_l \\[2mm] \dfrac{\rho''}{\rho'} = c_\rho; \dfrac{p''}{p'} = c_P; \dfrac{\eta''}{\eta'} = c_\eta \end{array} \right\} \quad (6-27)$$

式（6-27）可变换成式（6-28）所示形式。

$$\left. \begin{array}{l} u_x'' = c_u u_x'; x'' = c_l x'; y'' = c_l y' \\[2mm] \rho'' = c_\rho \rho'; p'' = c_P p'; \eta'' = c_\eta \eta' \end{array} \right\} \quad (6-28)$$

将式（6-28）代入式（6-26）可得式（6-29），整理可得

$$\frac{c_\rho c_u^2}{c_l} \rho' \left(u_x' \frac{\partial u_x'}{\partial x'} + u_y' \frac{\partial u_x'}{\partial y'} \right) = -\frac{c_P}{c_l} \frac{\partial p'}{\partial x'} + \frac{c_\eta c_u}{c_l^2} \eta' \left(\frac{\partial^2 u_x'}{\partial x'^2} + \frac{\partial^2 u_x'}{\partial y'^2} \right)$$

$$(6-29)$$

$$\rho'\left(u_x'\frac{\partial u_x'}{\partial x'}+u_y'\frac{\partial u_x'}{\partial y'}\right)=-\frac{c_P}{c_\rho c_u^2}\frac{\partial p'}{\partial x'}+\frac{c_\eta}{c_\rho c_u c_l}\eta'\left(\frac{\partial^2 u_x'}{\partial x'^2}+\frac{\partial^2 u_x'}{\partial y'^2}\right)$$

$$(6-30)$$

将式（6-30）与式（6-25）做比较，若两台潜水电机流体流动相似，根据现象相似的充分必要条件，式（6-30）中各相似常数满足式（6-31）和式（6-32）所示的关系：

$$\frac{c_P}{c_\rho c_u^2}=1 \qquad (6-31)$$

$$\frac{c_\eta}{c_\rho c_u c_l}=1 \qquad (6-32)$$

这种由各单值条件组成且数值等于1的表达式为流动相似的"相似指标"，流体流动相似准则可从流动相似指标中获取。可得以下准则：

Eu 准则：

$$\frac{P''}{\rho''u''^2}=\frac{P'}{\rho'u'^2}=\frac{P}{\rho u^2}=Eu=定数 \qquad (6-33)$$

Re 准则：

$$\frac{\rho''u''l''}{\eta''}=\frac{\rho'u'l'}{\eta'}=\frac{\rho ul}{\eta}=\frac{ul}{v}=Re=定数 \qquad (6-34)$$

式（6-33）中，P——压力，Pa；

ρ——密度，kg/m³；

u——速度，m/s；

l——尺寸（针对圆管其值为直径，m；针对圆环流道其值为水力直径值）；

η——动力黏度，(N·s)/m²；

v——运动黏度，(N·s)/m²。

由流体力学可知，Eu 准则和无量纲摩擦力、边界层厚度均可以表示为 Re 准则的函数。因此，称 Re 准则为流体流动相似的决定准则。即在满足几何条件和边界条件相似的前提下，Re 准则数值相等是黏性不可压缩流体流动相似的充分必要条件。

（2）对流换热相似准则

要得到流体对流换热相似准则，首先应研究流体换热相似指标和相似准则，写出两台几何条件相似潜水电机流体的能量微分方程式。

$$\rho' c'_p \left(u'_x \frac{\partial T'}{\partial x'} + u'_y \frac{\partial T'}{\partial y'} \right) = \lambda' \left(\frac{\partial^2 T'}{\partial x'^2} + \frac{\partial^2 T'}{\partial y'^2} \right) \quad (6-35)$$

$$\rho'' c''_p \left(u''_x \frac{\partial T''}{\partial x''} + u''_y \frac{\partial T''}{\partial y''} \right) = \lambda'' \left(\frac{\partial^2 T''}{\partial x''^2} + \frac{\partial^2 T''}{\partial y''^2} \right) \quad (6-36)$$

若两台充水式潜水电机满足热相似，则其单值量必须满足式（6-37）的关系。

$$\left. \begin{array}{l} \dfrac{u''_x}{u'_x} = \dfrac{u''_y}{u'_y} = \dfrac{u''}{u'} = c_u \\[3mm] \dfrac{x''}{x'} = \dfrac{y''}{y'} = \dfrac{l''}{l'} = c_l \\[3mm] \dfrac{\rho''}{\rho'} = c_\rho ; \dfrac{c''_p}{c'_p} = c_{c_p} ; \dfrac{T''}{T'} = c_T ; \dfrac{\lambda''}{\lambda'} = c_\lambda \end{array} \right\} \quad (6-37)$$

将式（6-37）关系代入式（6-36）整理可得式（6-38）。

$$\frac{c_{c_p} c_\rho c_u c_T}{c_l} \rho' c'_p \left(u'_x \frac{\partial T'}{\partial x'} + u'_y \frac{\partial T'}{\partial y'} \right) = \frac{c_\lambda c_T}{c_l^2} \lambda' \left(\frac{\partial^2 T'}{\partial x'^2} + \frac{\partial^2 T'}{\partial y'^2} \right)$$

$$(6-38)$$

$$\frac{c_{c_p} c_\rho c_u c_l}{c_\lambda} \rho' c'_p \left(u'_x \frac{\partial T'}{\partial x'} + u'_y \frac{\partial T'}{\partial y'} \right) = \lambda' \left(\frac{\partial^2 T'}{\partial x'^2} + \frac{\partial^2 T'}{\partial y'^2} \right)$$

$$(6-39)$$

对比式（6-39）和式（6-35）可得出对流换热"相似指标"，如式（6-40）。

$$\frac{c_{c_p} c_\rho c_u c_l}{c_\lambda} = 1 \quad (6-40)$$

由对流换热"相似指标"可导出对流相似准则。

Pe 准则：

$$\frac{c''_p \rho'' u'' l''}{\lambda''} = \frac{c'_p \rho' u' l'}{\lambda'} = \frac{c_p \rho u l}{\lambda} = \frac{u l}{a} = Pe = \text{定数} \quad (6-41)$$

Pr 准则：

$$Pr = \frac{\upsilon}{a} = \frac{\upsilon \rho c_p}{\lambda} = \frac{\mathcal{r} c_p}{\lambda} = \text{定数} \quad (6-42)$$

式（6-41）和式（6-42）中，c_p——定压热容，J/(kg·℃)；

ρ——密度，kg/m³；

u——速度 m/s；

l——尺寸，m；

λ——导热系数，W/(m·K)；

a——热扩散率，m²/s；

η——动力黏度，(N·s)/m²；

υ——运动黏度，(N·s)/m²。

由式（6-41）和式（6-42）可得 Pe 准则与 Pr 准则的关系：

$$Pe = Re \cdot Pr \qquad (6-43)$$

由式（6-43）可以得出：两台充水式潜水电机满足几何相似条件的前提下，Re 和 Pr 准则分别有相同的数值是电机热相似的充分必要条件，Re 准则和 Pr 准则称为电机热现象相似的决定准则，其中 Pr 准则只包含流体的物理性能参数。

再针对对流换热微分方程（6-44），利用方程分析法进行相似分析，可得出描述对流换热系数关系的相似准则（6-45），推导过程与前述热相似准则类似，不再赘述，直接写出相似准则 Nu。

$$\alpha \Delta T = -\lambda \left(\frac{\partial T}{\partial y} \right) \qquad (6-44)$$

$$Nu = \frac{\alpha l}{\lambda} = 定数 \qquad (6-45)$$

在强迫对流传热过程中，根据对流换热微分方程组的函数关系可知，描述对流传热系数的 Nu 准则必能表示为 Re 准则和 Pr 准则的函数。

$$Nu = f(Re, Pr) \qquad (6-46)$$

（3）总结

由相似理论可知，根据流体运动微分方程和能量微分方程导出各项相似准则与其他方法导出的相似准则应具有一致性，由本节分析得出 Re 准则和 Pr 准则决定流体流动的热相似，被称为流体流动热相似的决定准则，其他准则均可以表述为决定准则的函数。

6.3.2　相似准则的应用

（1）相似准则指导试验

本书所研究的深井救灾用充水式潜水电机运行时内部的强迫对流传热系

数 α 主要受 6 个参数影响，对流传热系数 α 可表述为这 6 个影响参数的函数，如式（6-47）。

$$\alpha = f(d, u, \rho, c_p, \lambda, \eta) \qquad (6-47)$$

式（6-47）中，α——对流传热系数，$W/(m^2 \cdot K)$；

$\quad\quad\quad\quad d$——流道尺寸，m；

$\quad\quad\quad\quad u$——流体流速，m/s；

$\quad\quad\quad\quad \rho$——流体密度，$kg/m^3$；

$\quad\quad\quad\quad c_p$——定压热容，$J/(kg \cdot {}^\circ C)$；

$\quad\quad\quad\quad \lambda$——材料导热系数，$W/(m \cdot K)$；

$\quad\quad\quad\quad \eta$——动力黏度，$(N \cdot s)/m^2$。

在对充水式潜水电机进行热试验时，以相似原理导出的相似准则为依据来进行试验，并以相似准则指导整理试验数据，可以大幅降低试验和数据整理的工作量。以本书潜水电机热试验为例，若要研究分析 6 个参数中各个参数对对流换热系数 α 的影响，需要针对不同的参数组合进行重复试验，得出不同参数组合工况下的试验数据。假定 6 个参数中每个参数变量取 10 个不同值进行热试验，则共需要进行 1 000 000（10^6）次试验，试验工作量庞大，不易实现。但根据充水式潜水电机相似理论和相似准则的研究结论得知，包含流体强迫对流换热系数 α 的 Nu 相似准则可表述为 Re 准则和 Pr 准则的函数，其中 Re 准则和 Pr 准则为电机热现象相似的决定准则，若在进行潜水电机的热试验时，我们将 Re 和 Pr 值作为变量参数来安排实验的进行，每个变量参数同样取 10 个不同值进行研究，则共需要进行 100（10^2）次试验，这样便大幅降低了试验工作量。与此同时又可将试验数据上升至相似组的高度，即每对试验数据代表着一个相似组的试验结果，试验所得结果具有一定通用性，可将本组试验所得结论推广至相似组中所有其他相似现象。例如在对充水式潜水电机的热试验数据进行整理时，针对某一特定的 Re 值和 Pr 值，试验中可以由众多流速和电机流道尺寸值的组合满足这种工况，也就是说，所有试验条件中只要满足具有相同的 Re 值和 Pr 值，则均具有相同的试验结果。

（2）相似准则指导同类新产品开发

指导同类新产品的开发是相似理论的另一个重要应用。本书所研究的深井潜水机属大型矿用设备，具有功率大、电压高、体积大等特点，进行实体样机试验难度大，耗费人力和物力，且任何一个实体样机试验结果只针对完全相同型号的产品适用，具有一定局限性，不可盲目将某一台样机试验结论应用于其他不同工矿产品。但在进行不同型号新产品开发时可以用已得相似准则来作为指导，将已得的试验结论通过相似准则推广应用于同类相似新产品结构设计或关键参数的确定，只要所设计产品与已知型号产品满足流体流场和边界条件相似，且具有相同的 Re 值和 Pr 值，即可认为新产品与已知型号产品具有相似的稳态热交换现象。

（3）相似准则指导模型实验

模型实验是指因为试验条件受限，或针对某些难以进行实体样机试验的大型设备，为了研究某方面的特性，采用与实体样机满足相似条件的缩小模型进行特性实验研究，并可将对缩小模型研究所得的实验结论推广应用于实体样机。此方法可以大幅度减小样机试验的难度和开销，广泛应用于各类科学实验研究。

针对本书所研究的深井充水式潜水电机而言，如文中介绍的 3 200kW 潜水电机，其定子内径为 423mm，转子外径为 417mm，转子气隙高度为 3mm，运行时内部流速约为 2m/s，当环境温度不超 40℃时，设计温升为 40℃。为了研究其运行时内部的传热特性，假设在进行模型实验时建立了 1/3 缩小模型，转子气隙高度为 1mm，试验环境温度相同，根据前文分析可知，为了保证缩小模型样机与原实体样机有相似的对流换热现象，需要模型样机与原实体样机 Re 准则和 Pr 准则具有相同的值，因为水流动的 Pr 准则值仅与水的物理参数相关，可以认为在相同温升条件下水流动的 Pr 准则值相同，这时要保证缩小模型样机与原实体样机有相似的对流换热现象相似仅需要流体流动的 Re 准则值相等，即

$$Re_1 = Re_2 \qquad (6-48)$$

$$\frac{2u_1 d_1}{v_1} = \frac{2u_2 d_2}{v_2} \qquad (6-49)$$

式（6-49）中，u_1——原实体样机定转子间隙中水流的速度，m/s；

$\qquad\qquad d_1$——原实体样机定转子间隙长度，m；

$\qquad\qquad v_1$——原实体样机温升状态下的运动黏度，m²/s；

u_2——模型样机定转子间隙中水流的速度，m/s；

d_2——模型样机定转子间隙长度，m；

v_2——模型样机温升状态下的运动黏度，m^2/s。

由式（6-49）可得模型电机定转子间隙水流的速度满足式（6-50）：

$$u_2 = \frac{v_2\, d_1\, u_1}{v_1\, d_2} \qquad (6-50)$$

水的运动黏度 v 值与温度值直接相关，在相同换热条件下温升值相似，可认为式（6-50）中 v_1 值与 v_2 值相等，故

$$u_2 = \frac{d_1\, u_1}{d_2} = 3u_1 = 3 \times 2 = 6m/s$$

因此，要通过模型样机研究原实体潜水电机的换热特性试验需要模型电机样机内的水流速度达到 6m/s。

6.3.3 新产品研发应用实例

为满足深部矿井排水工程需要，在已有额定电压 6 000V、额定功率为 1 900kW 充水式潜水电机的基础上，开发研制了额定电压 6 000V、额定功率 1 200kW 的充水式潜水电机。研制的新型 1 200kW 潜水电机配套了额定扬程 919m，额定流量为 $275m^3/h$ 的单吸式多级潜水泵，相比 1 900kW 潜水电泵系统减小了流量，增高了水泵扬程，以满足深部矿井的救灾排水需求，两套潜水电泵系统参数如表 6-1 和表 6-2 所示。两台充水式潜水电机均采用电机具有完全几何相似的内部循环冷却结构，近似相等的 Re 值和 Pr 值。利用第 5 章中所述的试验方法，当额定功率为 1 900kW 潜水电机试验时，调节出口手动闸阀，使出口压力保持在 7.25MPa 左右；当额定功率为 1 200kW 潜水电机实验时，调节出口手动闸阀，使出口压力保持在 9.19MPa，实现深井潜水电泵在额定工况下运行，测得两台潜水电机的温度数据如表 6-3 所示，两台潜水电机内温度随时间的变化趋势如图 6-3 所示。

从两台潜水电机的温度试验数据可知，按照相似理论指导开发的流水式潜水电机具有良好的热相似性，其内部温升趋势和温升值一致性良好，说明了相似理论在充水式潜水电机相似冷却结构设计上应用的有效性。

表 6-1 1 900kW 深井潜水电泵系统参数

潜水电泵	参数	参数值
潜水电机	额定功率	1 900kW
	额定电压	6 000V
	定子内径	423mm
	转子外径	419mm
	配套循环泵轮	流量 40m³/h，扬程 12m，泵轮后盖板带泄流孔
	气隙高度	2mm
	设计温升	环境温度 40℃时，温升不超过 40℃
多级潜水泵	额定扬程	725m
	额定流量	710m³/h
	吸水方式	双吸泵

表 6-2 1 200kW 深井潜水电泵系统参数

潜水电泵	参数	参数值
潜水电机	额定功率	1 200kW
	额定电压	6 000V
	定子内径	375mm
	转子外径	370mm
	配套循环泵轮	流量 40m³/h，扬程 10m，泵轮后盖板带泄流孔
	气隙高度	2.5mm
	设计温升	环境温度 40℃时，温升不超过 40℃
多级潜水泵	额定扬程	919m
	额定流量	275m³/h
	吸水方式	单吸泵

表 6-3 潜水电机温升试验数据

单位：℃

电机功率/kW	0min	5min	10min	15min	20min	25min	30min
1 900	23.2	35.3	44.7	51.9	54.4	56.2	56.8
1 200	24.7	38.9	47.8	55.2	58.6	60.1	59.7

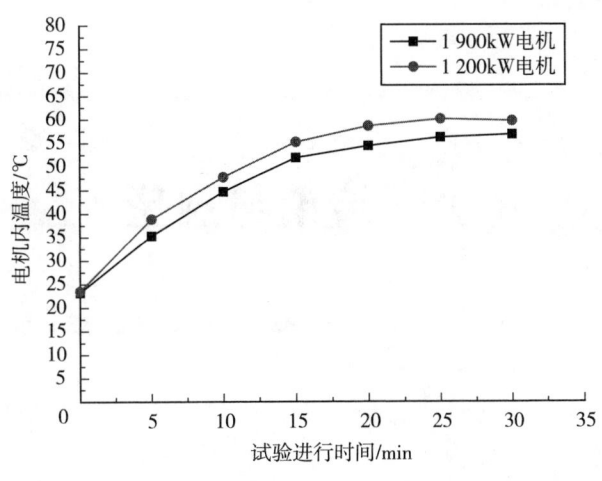

图 6-3　两台潜水电机温升趋势

6.4　本章小结

本章以相似理论为基础，研究了深井救灾排水系统充水式潜水电机内流体流动相似和对流换热相似现象。利用方程分析法分别推导了潜水电机内流体流动和对流换热相似准则，结合推导出的相似准则介绍了相似理论在指导充水式潜水电机试验和同类新产品设计中的应用。并结合实例说明了相似理论在充水式潜水电机相似冷却结构设计上的应用情况。

7 结论与展望

7.1　结论

本书以国家重点研发计划项目"矿井突水水源快速判识与堵水关键技术研究"的子课题七"高效高可靠性大流量抢险排水技术及装备"为依托，采用理论分析、数值仿真和样机试验等手段，对深井救灾排水系统潜水电机内部流体流动特性和定子温升特性展开研究。主要结论如下：

（1）界定了煤矿救灾排水工程中相对客观的矿井"深部"概念。作者认为在救灾排水工程中矿井"深部"概念不仅与矿井深度和岩石力学特性相关，还与矿井救灾排水装备的性能直接相关，目前国内救灾用潜水电泵的单泵扬程普遍不超过800m，超过800m矿井的救灾排水工程难度剧增，不仅需要大功率、高扬程的排水装备，还需要考虑装备的安装及运行中的安全因素，需由专业的矿山排水技术团队完成，故本书将救灾排水工程中超过800m的矿井界定为"深部"矿井。通过对国内外大量文献的分析，说明了充水式潜水电机的冷却效果与电机内部流体流动特性密切相关，提出本书研究内容的必要性与合理性。

（2）介绍了深井救灾排水系统充水式潜水电机的结构设计特点，尤其重点介绍了设计的充水式潜水电机内外水双循环冷却系统。本书研究的深井充水式潜水电机内部流体在电机轴尾部驱动泵轮的作用下沿设计的流道循环流动，冷却水在电机气隙流道中的流动状态和流动特性不仅影响着电机转子水摩擦损耗，还与电机内的换热效果密切相关。因此，在分析充水式潜水电机内部流体流动特点的基础上，利用流体质量守恒、动量守恒和能量守恒定律建立了充水式潜水电机内部流体流动的连续微分方程、动量微分方程和能量微分方程等流体流动控制方程，并介绍了研究流体紊流的计算模型和流体流动特性的数值计算方法，为深入研究充水式潜水电机内流体流动特性和温升特性奠定了基础。

（3）充水式潜水电机内流体流动特性研究。流体的流动特性表征为流体的运动状态、流动速度和压力分布。本书以功率为 3 200kW 充水式潜水电机为研究对象，按其实际结构和尺寸，利用 SolidWorks 三维建模软件建立了潜水电机的三维实体模型，并利用 GAMBIT 专业流体网格划分软件建立了电机定转子气隙流体的三维结构网格模型，借助 ANSYS 了 Fluent 流体分析软件分别研究了定转子气隙高度、气隙进口流体速度、转子转速、转子表面粗糙度和电机环境围压等 5 个不同参数对充水式潜水电机气隙内流体流动特性的影响，并对模拟结果进行数据提取、分析和处理，得出不同参数对气隙流体流速和压力分布的影响。研究结果表明：①冷却水在气隙中的流动状态均为紊流，流体进入电机气隙后随转子高速旋转的作用旋转速度迅速提升，随后达到相对稳定状态，流体速度最大处位于转子外边壁，速度最小处位于电机定子内边壁。冷却水进入电机气隙后压力呈线性下降趋势，压力最大处位于气隙进口处，最小处位于气隙出口处，与电机环境围压相等。②气隙内流体的最大平均速度受转子转速的增大呈线性增长趋势；随气隙进口流体流速和转子表面粗糙度的增大而增长，增长幅度呈不同程度减小趋势；随气隙高度的增加而小幅减小，减小幅度呈逐步减小趋势；电机围压对气隙流体运动速度影响很小，可忽略不计。③气隙流体的进出口压力降随转子转速的升高呈线性增长趋势；随气隙进口流体流速和转子表面粗糙度的增大而增长，增长幅度呈不同程度减小趋势；随气隙高度的增加而减小，减小幅度呈逐步减小趋势；电机围压对气隙流体运动速度影响很小，可忽略不计。研究所得结论为下一步电机转子水摩擦损耗的计算、表面换热系数的计算及电机内合理流速的确定和驱动泵轮的设计提供了依据。

（4）基于流体流动特性的充水式潜水电机定子温升研究。首先分析计算了 3 200kW 充水式潜水电机内部各项损耗值，以电机内流体流动特性分析结论为基础，重点研究了不同因素对转子水摩擦损耗的影响，研究结果表明，转子水摩擦损耗随电机气隙高度的增加而小幅减小，随气隙进口流体轴向流速、转子转速、表面粗糙度的增加而有不同程度的增长，几乎不受电机运行环境围压的影响，电机铁耗和机械损耗的计算结果与第 5 章中空载试验所得结果一致性良好。其次研究了潜水电机内部热量传递路径，在合理假设的基础上，作出了充水式潜水电机的等效热路图；考虑多热源对电机定子温度分布的影响，运用 ANSYS Workbench 有限元分析软件研究了 3 200kW 充水式潜水电机在不同气隙进口流体轴向流速下定子的温度分布情况，研究结果表明，电机定子温度最低处位于气隙流体进口处的定子齿部，温度最高处位于电机气隙流体出口附近的定子轭部，且随着气隙进口流体轴向流速的增加，电机定子温度减小，但减小幅度逐步减弱。最后，对仿真结果进行分析，提出了 3 200kW 充水式潜水电机气隙进口流体的合理流速应为 2～2.5m/s，速度太小不利于保障电机冷却效果，太大会造成转子水摩擦损耗的增加，结合第 3 章中气隙进口流体流速对气隙流体压力分布影响的分析结果可知，当气隙进出口压力差大于 0.082 8MPa 时方能保证气隙流体轴向流速大于 2m/s，当气隙流体流速为 2～2.5m/s 时，3 200kW 潜水电机气隙流量约为 28.5～35.6m³/h，据此，对电机内水循环冷却系统的驱动泵轮做出合理设计，设计泵轮扬程为 10m（提供 0.1MPa 压力），流量为 40m³/h 的离心式泵轮作为电机内水循环冷却系统的驱动泵轮。并将仿真结果与第 5 章中温升试验结果相对比，根据热力学知识，解释了误差产生的原因，验证了有限元分析方法和本章所设计流速和泵轮的正确性。

（5）深井潜水电机的试验研究。潜水电机空载试验、温升试验和绝缘电阻的检测试验是研究深井潜水电机不可或缺的重要环节，合理的电机试验能最大限度地保证其在工程应用中的安全可靠性。本书针对 3 200kW 深井潜水电机进行了空载运行试验，测得了潜水电机的铁耗和机械损耗，与第 4 章中电机铁耗和机械损耗且有良好的一致性。搭建了深井潜水电机地面综合试验平台，试验平台的设计关键是在潜水电泵出水口加装了 10MPa 的手动控制闸阀，并在潜水电泵出水口开有测压孔，用于测量潜水电泵出水口压力，通过调节手动闸阀的开度来控制潜水电泵的出水口压力，以此来实现潜水电泵运行工况的调节，此试验平台可实现电机运行温度、电压、电流、功率因数及潜水泵扬程、流量等多项重要参数的获取，通过此试验平台测得了 3 200kW 潜水电机额定工况下运行时内部关键部位温度值，其中测量的温度数据为第 4 章中判断有限元分析结论的正确性提供了依据。对充水式潜水电机线缆绝缘进行工频耐压试验、线缆接头耐水压试验、各相对地绝缘电阻测量和相间绝缘电阻测量，评判了潜水电机的绝缘性能。最后结合深井救灾排水工程，介绍了本书研究的深井充水式潜水电机的工程应用情况。

（6）深井充水式潜水电机相似理论研究，基于相似理论建立了深井充水式潜水电机相关理论推导了深井潜水电机内流体流动相似和对流换热相似准则，并总结了相似准则在指导潜水电机试验和新产品设计方面的应用，为同类潜水电机冷却结构的设计提供了有益借鉴。

7.2 创新点

本书利用理论分析、数值模拟、试验研究和案例分析等多种研究手段，对深井救灾排水系统潜水电机内流体流动和温升特性进行了深入研究，主要有以下创新性成果：

（1）针对 3 200kW 深井充水式潜水电机设计了内水循环冷却结构，利用数值模拟方法得到了电机定转子气隙高度、气隙进口轴向流体流速、转子转速、转子表面粗糙度和电机围压等 5 个参数对该潜水电机气隙流体流速和压力分布的影响，揭示了充水式潜水电机运行时内部气隙流体流动特性及规律。

（2）研究了 3 200kW 深井充水式潜水电机在多热源作用下，不同电机气隙进口轴向流体流速对电机定子温度分布和对转子水摩擦损耗的影响，提出了气隙进口轴向流体的合理流速应在 $2\sim2.5\text{m/s}$，并结合本书研究得出的电机气隙进口轴向流体流速与气隙进出口压力降的关系，设计了扬程为 10m（提供 0.1MPa 压力）、流量为 $40\text{m}^3/\text{h}$ 的离心式泵轮作为电机内水循环冷却系统的驱动泵轮，通过试验验证了流体流速和驱动泵轮设计的合理性。

（3）提出了在潜水泵出水口安装手动闸阀控制潜水电泵出水口压力，模拟潜水泵不同运行工况的试验方法，研发了深井大型潜水电泵综合试验平台，通过试验测量了本书研究的 3 200kW 潜水电机运行时定子的温度值，并与仿真计算结果对比，验证了本书仿真方法和研究结果的正确性。

7.3 展望

本书在研究深井充水式潜水电机内流体流动和温升特性方面取得了一些成果，但仍有待完善之处，结合个人研究体会，做以下展望：

（1）本书在研究充水式潜水电机内部温度分布时，仅研究了与绕组相接触的定子的温度分布情况，没有研究潜水电机转子、转子导条、止推轴承等部件的温度分布情况，有待进一步研究。

（2）本书只定性说明了充水式潜水电机温升对电机绕组绝缘寿命的影响，没有对潜水电机绕组绝缘失效机理和电机的温升对绕组绝缘寿命的影响进行定量分析，此内容是接下来研究的课题之一。

（3）本书在研究深井充水式潜水电机内部温升特性时，没有考虑电机外部吸水罩内流体状态对潜水电机内部温升的影响，也没有考虑外部水流速对电机外部换热效果的影响。这也是下一步应着重研究的课题。

[1] 姬长生. 我国露天煤矿开采工艺发展状况综述 [J]. 采矿与安全工程学报，2008 (3)：297-300.

[2] 池洪斌. 露天采矿技术及发展方向探讨 [J]. 中国新技术新产品，2011 (4)：108.

[3] 王韶辉，才庆祥，刘福明. 中国露天采煤发展现状与建议 [J]. 中国矿业，2014，23 (7)：83-87.

[4] 武强. 我国矿井水防控与资源化利用的研究进展、问题和展望 [J]. 煤炭学报，2014，39 (5)：795-805.

[5] Iribar V. Origin of neutral mine water in flooded underground mines：an appraisal using geochemical and hydrogeological methodologies [C]. International mine water association symposium, Newcastle upon Tyne (University of Newcastle), 2004：169-178.

[6] Perry E F. Modelling rock-water interactions in flooded underground coal mines, Northern Appalachian Basin [J]. Geochemistry：Exploration, Environment, Analysis, 2001, 1 (1)：61-70.

[7] 金锤，姜乃昌，汪兴华，等. 停泵水锤及其防护 [M]. 2版. 北京：中国建筑工业出版社，2004：1-3.

[8] Suter P. Representation of pump characteristics for calculation of water hammer [J]. Sulzer Technical Review, 1966 (11)：45-48.

[9] 刘竹溪，刘光临. 泵站水锤及其防护 [M]. 北京：水利电力出版社，1988：1-5.

[10] Г. М. 季莫申科，Н. А. 马尔科夫，杨福新. 矿井排水设备防止水锤的保护装置 [J]. 国外金属矿山，1995 (3)：55-58.

[11] E. B. Wylie, V. L. Streeter. 瞬变流 [M]. 清华大学流体传动与控制教研组译. 北京：水利电力出版社，1983：1-10.

[12] 冯立杰，高传昌，张晋华. 超高扬程潜水泵排水系统水力过渡过程研究 [J]. 煤矿机电，2007 (3)：1-2, 5.

[13] 白海波，缪协兴. 晚古生代煤田水文地质特征与防治水理论及技术 [J]. 中国矿业

大学学报.2016,45（1）：1-10.

[14] 中国煤炭机械工业协会.煤炭装备制造业"十三五"发展规划研究 [R]. 北京，2016：1-10.

[15] 郑宁来.2020年煤炭将成为全球主要能源 [J].炼油技术与工程，2014，44（3）：17.

[16] 何满潮.深部岩体力学及工程灾害控制研究 [C]//突发地质灾害防治与减灾对策研究高级学术研讨会论文集.中国灾害防御协会，2006.

[17] 王丽丽，高文静.透视我国千米深井生态 [N].中国煤炭报，2013-08-19.

[18] 胡振琪，肖武，土培俊，等.试论井工煤矿边开采边复垦技术 [J].煤炭学报，2013，38（2）：301-307.

[19] 谢和平，彭苏萍，何满潮.深部开采基础理论与工程实践 [M].北京：科学出版社，2005：1-35.

[20] 谢和平，高峰，鞠杨.深部岩体力学研究与探索 [J].岩石力学与工程学报，2015，34（11）：2161-2178.

[21] 彭苏萍.深部高应力条件下资源开采与地下工程 [C]//新世纪新机遇新挑战——知识创新和高新技术产业发展（下册）.北京：中国科学技术协会、吉林省人民政府，2001（2）：168-169.

[22] 胡社荣，戚春前，赵胜利，等.我国深部矿井分类及其临界深度探讨 [J].煤炭科学技术，2010，38（7）：10-13，43.

[23] 胡社荣，彭纪超，黄灿，等.千米以上深矿井开采研究现状与进展 [J].中国矿业，2011，20（7）：105-110.

[24] 谢和平.深部岩体力学与开采理论研究进展 [J].煤炭学报，2019，44（5）：1283-1305.

[25] 刘泉声，高玮，袁亮.煤矿深部岩巷稳定性控制理论与支护技术及应用 [M].北京：科学出版社，2010：1-20.

[26] 蓝航，陈东科，毛德兵.我国煤矿深部开采现状及灾害防治分析 [J].煤炭科学技术，2016，44（1）：39-46.

[27] 娟陈，赵耀江.近十年来我国煤矿事故统计分析及启示 [J].煤炭工程，2012（3）：137-139.

[28] 王旭昭，侯磊，苏龙.2011—2014年全国煤矿重特大事故统计分析与启示 [J].中国公共安全.学术版.2015，39（2）：26-29.

[29] 铸汤，艾德春，斌彭，等.我国煤矿安全形势及事故原因分析与控制 [J].六盘水

师范学院学报，2014，26（2）：47-52.

[30] 国家安全生产监督管理总局政府网站事故查询系统［DB/OL］. 2015-1-1［2015-1-15］. http：//media. chinasafety. gov. cn：8090/iSystem/shigumain. jsp.

[31] 中华人民共和国国务院. 生产安全事故报告和调查条例［EB/OL］. https：//china. findlaw. cn/fagui/p_1/8942. html［2007-04-09］.

[32] Liu Zhen-feng，Wu Bing. Analysis of mine water disaster based on fractal theory［J］. Information Technology Journal，2013，12（20）：5601-5605.

[33] 张栓文，马海君，景娟红，等. 浅谈矿井排水系统的本质安全设计［J］. 煤，2014，23（5）：54-55.

[34] A. V. Mokhov. Mine water drainage from flooded coal mines［J］. Doklady Earth Sciences，2011，438（2）：733-735.

[35] Dieter-Heinz Hellmann，Detlef Tams. Submersible motor pumps for mine drainage applications［J］. International Journal of Mine Water，1986，5（1）：33-44.

[36] Rafael Fernandez-Rubio，David Fernandez Lorca. Mine water drainage［J］. Mine Water and The Environment，1993，12（1）：107-130.

[37] 孙保敬. 矿山排水抢险应急救援系统的研究［D］. 北京：中国矿业大学，2011.

[38] Derman Dondurur. Depth Estimates for slingram electromagnetic anomalies from dipping sheet-like bodies by the normalized full gradient method［J］. Pure and Applied Geophysics，2005，162（11）：2179-2195.

[39] M. Grodner. Fracturing around a preconditioned deep level gold mine stope［J］. Geotechnical and Geological Engineering，1999，17（3）：291-304.

[40] 李化敏，李华奇，周宛. 煤矿深井的基本概念与判别准则［J］. 煤矿设计，1999（10）：5-7.

[41] 谢和平. "深部岩体力学与开采理论"研究构想与预期成果展望［J］. 工程科学与技术，2017，49（2）：1-16.

[42] Xie Heping，Gao Feng，Ju Yang. Research and developmentof rock mechanic in deep ground engineering［J］. ChineseJournal of Rock Mechanic and Engineering，2015，34（11）：2161-2178.

[43] 谢和平，高峰，鞠杨，等. 深部开采的定量界定与分析［J］. 煤炭学报，2015，40（1）：1-10.

[44] 谢和平，周宏伟，薛东杰，等. 煤炭深部开采与极限开采深度的研究与思考［J］. 煤炭学报，2012，37（4）：535-542.

[45] 赵生才. 深部高应力下的资源开采与地下工程——香山会议第 175 次综述 [J]. 地球科学进展, 2002, 17 (2): 295-298.

[46] 钱七虎. 深部岩体工程响应的特征科学现象及"深部"的界定 [J]. 东华理工学院学报, 2004, 27 (1): 1-5.

[47] 何满潮. 深部软岩工程的研究进展与挑战 [J]. 煤炭学报, 2014, 39 (8): 1409-1417.

[48] 虎维岳. 深部煤炭开采地质安全保障技术现状与研究方向 [J]. 煤炭科学技术, 2013, 41 (8): 1-5.

[49] 刘玉德, 尹尚先, 顾秀根. 高突危险水体上煤层开采下限及带压开采分区研究 [J]. 中国安全生产科学技术, 2010, 6 (3): 54-59.

[50] 冯立杰, 刘振峰. 矿山水灾救援排水技术研究 [C] //中国煤矿应急救援现状分析. 北京: 煤炭工业出版社, 2013.

[51] 冯立杰, 高传昌, 杨武洲. 大功率潜水电泵的排水运行模式研究 [J]. 中国农村水利水电, 2003 (8): 94-95.

[52] Zhang S B, Zheng X W. The design and experimental research of cooling structure in deep well submersible motor [J]. Journal of Discrete Mathematical Sciences and Cryptography, 2016, 19 (3): 837-848.

[53] 高传昌, 汪顺生, 刘正勇. 大型潜水电泵接力排水系统运行工况研究 [J]. 排灌机械, 2004, 22 (2): 12-15, 20.

[54] Liu Zhen-feng, Wu Bing, Feng Li-jie. Research on brittleness risk analysis and prevention strategy of mine water disaster system [C] // Proceedings of 20th International Conference on Industrial Engineering and Engineering Management: Theory and Apply of Industrial Engineering. Berlin: Springer Publishing Company, 2013: 577-584.

[55] C E Marr. Pumps and pumping, remote operation and monitoring [J]. The International Journal of Mine Water, 1988, 7 (2): 33-46.

[56] 杨武洲, 冯立杰. 卧式潜水电泵及其在矿山排水中的应用 [M]. 哈尔滨: 哈尔滨工程大学出版社, 2006: 16-20.

[57] 武强. 煤矿防治水手册 [M]. 北京: 煤炭工业出版社, 2013: 719-759.

[58] 傅丰礼, 唐孝镐. 异步电机设计手册 [M]. 2 版. 北京: 机械工业出版社, 2006: 390-412.

[59] 赵廷钊. 抗灾智能型矿井主排水系统的关键技术研究 [D]. 北京: 中国矿业大

学，2010.

[60] 冯立杰，王金凤，陈党义，等 . 煤矿重大水灾害抢救技术研究 [R]. 郑州大学：河南矿山抢险救灾中心，2007：10 - 27.

[61] 刘如军 . 千米深矿井排水系统设计探讨 [J]. 能源技术与管理，2004（6）：58 - 60.

[62] 高建朝 . 关于矿井主排水系统设计及改造的几个问题 [J]. 中国煤炭工业，2010（11）：45 - 46.

[63] 张吉申，廖启徽 . 矿井排水系统运行管理中的系统工程方法 [J]. 煤炭学报，1991，16（4）：70 - 76.

[64] 陈致远，许梦国 . 矿井排水系统安全性的模糊综合评价 [J]. 黄金，2009，30（2）：20 - 23 .

[65] 蒋猛，李玮，陈栋，等 . 大功率潜水电泵运用模式探讨及应用 [J]. 河南科技，2012（3）：77 - 78.

[66] 冯立杰 . 煤矿抢险救灾接力排水系统运行工况的研究 [J]. 中州煤炭，2004（2）：1 - 3.

[67] 刘振锋，冯立杰，吴兵 . 矿山多级水泵轴向力平衡安全可靠性分析 [J]. 矿山机械，2015，43（1）：55 - 58.

[68] 袁存忠 . 煤矿给排水设计若干问题的探讨 [J]. 工业用水与废水，2000，31（6）：6 - 8.

[69] 徐增照，张钦友 . 论矿井排水系统的合理利用 [J]. 山东煤炭科技，1995（4）：39 - 40.

[70] 马红光，尚彦军 . 煤矿井下主排水装置保持经济运行的途径 [J]. 煤矿机电，2001（4）：23 - 25.

[71] 冯立杰，杨武洲，邓悌康 . 高可靠性煤矿抢险排水系统的研究 [J]. 灌溉排水学报，2003，22（2）：78 - 80.

[72] 陈太安 . 大功率潜水电泵在矿山斜井追排水中的应用 [J]. 煤矿机械，2008，29（2）：153 - 156.

[73] 冯立杰 . 潜水电泵的非潜水运行模式研究 [J]. 中州煤炭，2004（5）：3 - 4.

[74] 王帅 . 大功率卧式潜水电机的开发及应用 [J]. 煤矿机械，2014，35（5）：152 - 154.

[75] 李维熙 . 可潜卧式多级离心排水泵：200820116619.9 [P]. 2009 - 03 - 04.

[76] 李维熙 . 单驱动对称平衡离心式卧泵：200820116616.5 [P]. 2009 - 03 - 04.

[77] 汪顺生，焦红波，王松林，等 . 深部矿井突发水救治系统大功率潜水电泵的运行工况研究 [J]. 华北水利水电学院学报，2007，28（5）：16 - 19.

[78] 孟国营，赵学义，李杰，等 . 矿井快速安装抢险排水系统：CN103046956A [P]. 2013 - 04 - 17.

[79] 赵学义，王德一，孟国营，等 . 矿井抢险排水快速安装的柔性轻便管路：CN103046958A [P]. 2013 - 04 - 17.

[80] 李维熙，赵廷钊，孟国营，等 . 矿井安全抗灾型自动化主排水系统：CN101008317 [P]. 2007 - 08 - 01.

[81] 冯立杰，杨武洲，李维熙，等 . 两栖式双泵双机抗灾型潜水电泵：CN202250914U [P]. 2012 - 05 - 30.

[82] 冯奕程，冯立杰，杨武洲，等 . 自吸式矿用潜水泵：CN202768423U [P]. 2013 - 03 - 06.

[83] 李维熙，侯陆军，郭建周，等 . 可两栖运转的抗灾型矿用卧式潜水电泵：CN102220986A [P]. 2011 - 10 - 19.

[84] 章名涛，肖如鸿 . 电机电磁场 [M]. 北京：机械工业出版社，1988：426 - 442.

[85] 傅德薰，马延文 . 计算流体力学 [M]. 北京：高等教育出版社，2002：44 - 72.

[86] 王福军 . 计算流体动力学分析——CFD 软件原理与应用 [M]. 北京：清华大学出版社，2004：24 - 62.

[87] 王松玲 . 流体力学 [M]. 北京：中国电力出版社，2004：1 - 10.

[88] 章本照，印建安，张宏基 . 流体力学数值方法 [M]. 北京：中国机械工业出版社，2002：116 - 181.

[89] 陶文铨 . 数值传热学 [M]. 西安：西安交通大学出版社，2001：98 - 176.

[90] 魏永田 . 电机内热交换 [M]. 北京：机械工业出版社，1998：93 - 188.

[91] 李伟力，周封，候云鹏，等 . 大型水轮发电机转子温度场的有限元计算及相关因素的分析 [J]. 中国电机工程学报，2002，22（10）：85 - 90.

[92] 李伟力，陈婷婷，曲凤波，等 . 高压永磁同步电动机实心转子三维温度场分析 [J]. 中国电机工程学报，2011，31（18）：55 - 60.

[93] 李伟力，杨雪峰，顾德宝，等 . 多风路空冷汽轮发电机定子内流体流动与传热耦合计算与分析 [J]. 电工技术学报，2009，24（12）：24 - 31.

[94] R P Yao，F Q Rao. Analysis of 3D Thermal Field and Deformation in the Stator of Large Hydro - Generators [C]. Sixth International Conference on Electrical Machines and Systems，ICEMS 2003，2003：714 - 716.

［95］ 周封，熊斌，李伟力，等．大型电机定子三维流体场计算及其对温度场分布的影响［J］．中国电机工程学报，2005（24）：128－132.

［96］ M Anxo Prieto Alonso，X M Lópezá Fernández，Manuel Pérez Donsión．Harmonic Effects on Rise of A Squirrel Cage Induction Motor［C］．ICEM 2000．Espoo Finland August 2000. Helsinki University of Technology：144－147.

［97］ M Shanel，S J Pickering，D LamPard. Application of Computational Fluid Dynamics to the Cooling of Salient Electrical Maehines［C］．ICEM 2000 Espoo Finland. August 2000. Helsinki University of Technology：338－342.

［98］ R Krok，R Miksiewicz，W Mizia. Modeling of Temperature Fields in Turbogenerator Rotors at Asymmertrical Load［C］．ICEM 2000. Espoo Finland. August 2000. Helsinki University of Technology：1005－1009.

［99］ A Digerlando，R Perini. Analytical Evaluation of the stator Winding Temperature Field of Water－cooled Induction Motors for Pumping Drives［C］．ICEM 2000. Espoo Finland. August 2000. Helsinki University of Technology：130－134.

［100］ 陈国荣，唐卫全，黄宇鹏，等．MS200－45 型井用充水式潜水电机的研制［J］．机电工程技术，2016，45（4）：115－119.

［101］ 王灵沼．充水式潜水电机按温升进行优化设计的新方法及其应用［J］．电机与控制应用，2013，40（10）：9－11，16.

［102］ 金雷，胡薇．潜水电机的新型定子槽形设计［J］．电机技术，2015（3）：35－36，38.

［103］ 鲍晓华，方勇，程晓巍，等．基于三维有限元的大型充水式潜水电机端部涡流损耗［J］．电工技术学报，2014，29（7）：83－89.

［104］ 鲍晓华，吕强，王瑞男，等．大型高压干式潜水电机定子三维温度场有限元分析［J］．大电机技术，2011（6）：8－12.

［105］ 程晓巍，鲍晓华，方勇，等．大型干式潜水电机定子电场分布特性对绝缘的影响［J］．电机与控制应用，2013，40（2）：1－5，13.

［106］ 鲍晓华，刘冰，朱庆龙，等．基于 BP 神经网络高压潜水电机绝缘寿命预测［J］．电机与控制应用，2011，38（11）：57－62.

［107］ 鲍晓华，盛海军，单丽，等．高压湿式潜水电机转子三维温度场分析［J］．大电机技术，2013（1）：11－14.

［108］ 胡岩，李龙彪．用流固耦合方法计算充油式潜水电机性能［J］．微特电机，2013，41（7）：38－41.

［109］ 靳廷船，李伟力，李守法．感应电机定子温度场的数值计算［J］．电机与控制学

报，2006 (5)：492 - 497.

[110] 丁树业，王海涛，邓艳秋，等 . 异步驱动电机流体流动特性数值研究 [J]. 中国电机工程学报，2016，36 (4)：1127 - 1133.

[111] A F Armor. Heat Flow in the Stator Core of Large Turbo Generators by the Method of Three - dimensional Finite Elements [J]. Part I：Analysis by Scale Potential Formulation；Part II：Temperature Distribution in the Stator Iron. IEEE，Trans. PAS. 1976，95 (5)：648 - 668.

[112] Chauveau E，Zaim E H，Trichet D，et al. A statistical approach of temperature calculation in electrical machines [J]. IEEE Transactions on Magnetics，2000，36 (4)：1826 - 1829.

[113] Xyptras J，Hatziathanassiou V. Thermal analysis of an electrical machine taking into account the iron losses and the deep - bar effect [J]. IEEE Transactions on Energy Conversion，1999，14 (4)：996 - 1003.

[114] 吕辛 . 潜油电机温度场数值模拟与温度辨识技术研究 [D]. 哈尔滨：哈尔滨工业大学，2013.

[115] 鲍晓华，王瑞男，倪有源 . 等 . 汽车发电机转子三维温度场有限元计算 [J]. 电机与控制应用，2011，38 (1)：5 - 10.

[116] 宁连旺 . ANSYS 有限元分析理论与发展 [J]. 山西科技，2008 (4)：65 - 66，68.

[117] O C Zienkiewicz，R L Taylor，David Fox. The finite element method for solid and structural mechanics [M]. 7th. Oxford：Butterworth - Heinemann，2014：1 - 20.

[118] O C Zienkiewicz. The finite element methods：from intuition to generality [J]. Applied Mechanics Reviews，1970，23 (2)：249 - 256.

[119] 曾攀 . 有限元分析及应用 [M]. 北京：清华大学出版社，2004：11 - 26.

[120] M Fukushima，K Yamashita M. Teraoka. Study on a ventilation simulation for hydroturbine generator motor [J]. IEEE Transactions on EnergyConversion，1986：174 - 181.

[121] 汪小芳 . 水轮发电机通风系统的风阻网络解析法 [J]. 浙江水利科技，2011 (6)：21 - 24.

[122] C Shiyuan. Network analyses of ventilation system for large hydrogenerator [C]. Proceedings of the Fifth International Conference on Electrical Machines and Systems，2001：137 - 140.

[123] H Ansari，M Mohammadi，A. Ashraf Kharamani. Mathematical modelling of the venti-

lation system of large turbo generators：using lumpedparameter model［C］. 2011 Proceedings of the 3rd Conference on Thermal Power Plants，2011：1 - 5.

[124] L Weili，Z Feng，C Liming. Calculation of rotor ventilation and heat for turbo - generator radial and tangential air - cooling system［C］. 1998 International Conference on Power System Technology，1998：1030 - 1033.

[125] 秦光宇，安志华. 灯泡式水轮发电机通风冷却及温升计算研究［J］. 大电机技术，2008（2）：7 - 9.

[126] 陈世坤. 电机设计［M］. 北京：机械工业出版社，2008：97 - 117.

[127] 佚名.《三相异步电动机试验方法》（GB/T 1032—2005）正式批准发布［J］. 电机与控制应用，2006（3）：63.

[128] 邹滋祥. 相似理论在叶轮机械模型研究中的应用［M］. 北京：科学出版社，1984：1 - 31.

[129] 徐挺. 相似理论与模型试验［M］. 北京：中国农业机械出版社，1982：9 - 19.

[130] 胡东奎，王平. 相似理论及其在机械工程中的应用［J］. 现代制造工程，2009（11）：9 - 11.

[131] 崔广心. 相似理论与模型试验［M］. 徐州：中国矿业大学出版社，1990：1 - 53.

[132] 宋彧. 相似模型试验原理［M］. 北京：人民交通出版社，2016：112 - 176.

[133] 李铁才，李西峙. 相似性和相似原理［M］. 哈尔滨：哈尔滨工业大学出版社，2014：57 - 93.

[134] 仵峰峰，曹平，万琳辉. 相似理论及其在模拟试验中的应用［J］. 采矿技术，2007，7（4）：64 - 78.

[135] 左东启. 模型试验的理论和方法［M］. 北京：水利水电出版社，1984：68 - 99.

[136] 陈元基. 相似理论及其应用［J］. 工程机械，1990（3）：31 - 39.

图书在版编目（CIP）数据

深井排水系统潜水电机的温升控制与实验研究 / 张世斌著 . —北京：中国农业出版社，2021.5
ISBN 978-7-109-28166-0

Ⅰ. ①深… Ⅱ. ①张… Ⅲ. ①潜水泵－温度控制－实验 Ⅳ. ①TH38-33

中国版本图书馆 CIP 数据核字（2021）第 075666 号

中国农业出版社出版
地址：北京市朝阳区麦子店街 18 号楼
邮编：100125
责任编辑：王秀田　文字编辑：刘金华
版式设计：王　晨　责任校对：刘丽香
印刷：北京中兴印刷有限公司
版次：2021 年 5 月第 1 版
印次：2021 年 5 月北京第 1 次印刷
发行：新华书店北京发行所
开本：700mm×1000mm　1/16
印张：10.5
字数：210 千字
定价：58.00 元